Herausgegeben von der KfW Bankengruppe

Krisenmanagement

Herausgegeben von der
KfW Bankengruppe

Krisenmanagement

Strategien gegen die Insolvenzgefahr in kleinen und mittleren Unternehmen.

Frankfurter Allgemeine Buch

Bibliografische Informationen Der Deutschen Bibliothek
Die Deutsche Bibliothek verzeichnet diese Publikation in der Deutschen Nationalbibliografie; detaillierte bibliografische Daten sind im Internet über http://dnb.ddb.de abrufbar.

Herausgegeben von der KfW Bankengruppe

Krisenmanagement

Strategien gegen die Insolvenzgefahr in kleinen und mittleren Unternehmen.

Von Matthias Salm

F.A.Z.-Institut für Management-,
Markt- und Medieninformationen,
Frankfurt am Main: 2005

ISBN 3-89981-102-X

KfW Bankengruppe
Palmengartenstraße 5–9
60325 Frankfurt
Telefon: 069 7431-0
Telefax: 069 7431-2944
infocenter@kfw.de
www.kfw.de

Frankfurter Allgemeine Buch

Umschlaggestaltung F.A.Z.-Marketing/Grafik
Satz Innen Ernst Bernsmann
Druck Druckhaus Beltz, Hemsbach

Inhalt

Vorwort zur zweiten Auflage

Es ist bittere Realität: Auch im Jahr 2004 stagnierte die Zahl der Unternehmensinsolvenzen in Deutschland auf einem Rekordhoch. Auch wenn der rasante Anstieg der Vorjahre zunächst gebremst scheint, kann von einer Trendwende angesichts von mehr als 39.000 Firmenpleiten kaum die Rede sein. Besonders betroffen sind von dieser Entwicklung nach wie vor kleine und mittlere Unternehmen (KMU), die für derartige Krisen in hohem Maße anfällig sind. Untersuchungen aus dem Jahr 2003 beispielsweise zeigen, dass rund 83 Prozent der insolventen Unternehmen Betriebe mit weniger als zehn Arbeitnehmern waren.

Für viele von der Pleite bedrohten Unternehmer sind die Schuldigen an dieser Misere schnell ausgemacht: Die lang anhaltende Konjunkturschwäche, eine zu hohe Abgabenbelastung, Turbulenzen auf den Absatzmärkten oder negative Entwicklungen bei wichtigen Schlüsselkunden werden besonders häufig als Erklärung für das eigene Scheitern herangezogen.

Doch die Realität in den betroffenen Unternehmen sieht meist anders aus: Nur wenige Firmen geraten quasi über Nacht auf Grund äußerer Einwirkungen in eine Krise. Akute Liquiditätsnöte haben vielmehr in der Regel eine lange Vorgeschichte im Unternehmen selbst. Häufig werden die entscheidenden Fehler schon zwei bis drei Jahre vor einer auch nach außen hin sichtbaren Liquiditätskrise des Unternehmens begangen. Weil es aber gerade in vielen kleineren Betrieben an einem funktionierenden Frühwarnsystem fehlt, bleiben solche Defizite viel zu lange verborgen. In der akuten Krisensituation sind dann die Möglichkeiten des Unternehmers, dem Niedergang seiner Firma entgegenzusteuern, nur noch äußerst gering.

Mit dem vorliegenden KfW-Ratgeber „Krisenmanagement“ möchten wir den Unternehmern helfen, erste Symptome einer Krise rechtzeitig zu erkennen und geeignete Gegenmaßnahmen einzuleiten. Analysiert werden deshalb der typische Verlauf von Unternehmenskrisen in kleinen und mittleren Unternehmen sowie die für die Krisenprävention entscheidenden Fragen: Welche strategischen Managementfehler führen in die Krise? Und welche Frühwarnindikatoren können dem Unternehmer derartig bedrohliche Fehlentwicklungen frühzeitig anzeigen?

Besonderes Augenmerk gilt dabei zwei einschneidenden Stadien im Leben eines Unternehmens: der unmittelbaren Gründungsphase und der Übergabe des Unternehmens an einen Nachfolger. Warum diese beiden Phasen unter dem Gesichtspunkt Krisenprävention so bedeutsam sind, verdeutlichen folgende Zahlen: Rund 14 Prozent aller insolventen Betriebe im Jahr 2004 scheiterten in den ersten beiden Jahren nach der Gründung. Weitere 17,5 Prozent in den beiden Folgejahren. Außerdem stehen nach Untersuchungen des Bonner Instituts für Mittelstandsforschung jährlich rund 70.000 mittelständische Unternehmen in Deutschland zur Übernahme an. Viele davon sind in ihrer Existenz bedroht, weil kein geeigneter Nachfolger/keine Nachfolgerin aus der eigenen Familie zur Verfügung steht.

Krisenprävention und Krisenmanagement sind in erster Linie Aufgabe des Unternehmers. Kleine und mittlere Unternehmen können aber in einer Notlage auch auf tatkräftige und in der Praxis bewährte externe Unterstützung zurückgreifen. Die KfW Mittelstandsbank hilft solchen Firmen mit ihren zahlreichen Beratungsangeboten. Die Serviceleistungen von den Runden Tischen der KfW Mittelstandsbank bis zu den Nachfolgebörsen im Internet werden in diesem Ratgeber ebenfalls vorgestellt.

Natürlich kann das Thema Krisenprävention nicht in allen Facetten ausführlich behandelt werden. Der Ratgeber soll Ihnen als Leserin und Leser vor allem die möglichen Gefahren in Ihrem Unternehmen vor Augen führen und das Bewusstsein für die Notwendigkeit eines professionellen Krisenmanagements schärfen.

I

Unternehmen in der Krise

- Wie sich eine Krise im Unternehmen anbahnt
- Welche Unternehmen besonders gefährdet sind

Unternehmen in der Krise

Wie sich eine Krise im Unternehmen anbahnt

Mehr als 39.000 Firmen mussten im Jahr 2004 den schweren Gang in die Insolvenz antreten. Hinter dieser Statistik verbirgt sich mehr als nur dürres Zahlenwerk. Denn jede Firmenpleite ist immer mit dem persönlichen Schicksal des Unternehmers, dem Verlust von Arbeitsplätzen und in der Folge oft auch mit wirtschaftlichen Schwierigkeiten bei Lieferanten und Kreditgebern verbunden.

Wenn Unternehmer von einer Unternehmenskrise sprechen, dann haben sie in der Regel die Phase der akuten Liquiditätsnot vor Augen, die einer Insolvenzanmeldung unmittelbar vorausgeht. Diese Sichtweise greift aber zu kurz. Sie wird der Beurteilung einer wirtschaftlichen Notlage und insbesondere den Möglichkeiten der Prävention nicht gerecht. Eine Unternehmenskrise ist in Wahrheit ein langjähriger Prozess, bei dem eine Veränderung der Umfeldbedingungen und Fehler der Unternehmensleitung meist Hand in Hand gehen. Die Erfahrungen, die die Experten der KfW Mittelstandsbank an den von ihr ins Leben gerufenen Runden Tischen mit Not leidenden Unternehmen sammeln konnten, zeigen vor allem eins: Viele Insolvenzen sind hausgemacht. Krisenprävention gehört deshalb zu den Pflichtaufgaben eines jeden Unternehmers!

Die Phasen der Krise

Für kleine und mittlere Unternehmen (KMU) ist es überlebenswichtig, bereits erste Anzeichen einer krisenhaften Entwicklung wahrzunehmen. Oft beginnt der Niedergang des Unternehmens zunächst nur schleichend. Er bleibt deshalb auch auf der Leitungsebene lange Zeit unbemerkt. Erst in der Endphase spitzt sich dieser Prozess dramatisch zu, und es treten für jedermann sichtbare, existenzbedrohende Liquiditätsengpässe auf. Bei

Unternehmenskrisen lassen sich in der überwiegenden Mehrzahl der Fälle drei aufeinander folgende Phasen beobachten.

Die Strategiekrise

Strategische Fehlentscheidungen des Managements gehören zu den häufigsten Ursachen für Insolvenzen in kleinen und mittleren Unternehmen. Diese Beobachtung gilt in gleichem Maße für alle KMU, unabhängig von ihrer Branche und der Unternehmensgröße. Sowohl in einem renommierten Maschinenbauunternehmen mit 100 Mitarbeitern als auch in einem kleinen, vom Inhaber geführten Handwerksbetrieb hängt der langfristige Erfolg wesentlich von der betriebswirtschaftlichen Kompetenz des Managements ab.

Strategische Krisen entstehen immer dann, wenn der Unternehmer nicht in der Lage ist, die Erfolgspotenziale des Unternehmens auszuschöpfen. Dabei können Strategiefehler sowohl am Markt (z.B. wenn das bisherige Alleinstellungsmerkmal des Produkts oder ein sonstiger Wettbewerbsvorsprung verloren geht) als auch im Unternehmen selbst (z.B. bei fehlender Qualifizierung der Mitarbeiter) begangen werden. Zwei Beispiele sollen verdeutlichen, wie sich Strategiefehler auf die Erfolgsaussichten eines Unternehmens auswirken können.

Beispiel 1: Ein Unternehmen versäumt es, seine Produkte an veränderte Nachfragegewohnheiten der Verbraucher anzupassen oder ignoriert den Markteintritt innovativer Wettbewerber. Die Cashcows des Unternehmens, also jene Produkte, die wesentlich zum Unternehmenserfolg beitragen, verlieren daraufhin kontinuierlich Marktanteile. Der Umsatzrückgang führt zu sinkenden Deckungsbeiträgen und schließlich zu einer geringeren Wettbewerbsfähigkeit (Strategiefehler bei den externen Erfolgsfaktoren).

Beispiel 2: Einem Unternehmer gelingt es nicht, qualifizierte Mitarbeiter in den Schlüsselpositionen seines Unternehmens zu halten. Durch den Verlust der Leistungsträger sinkt die Qualität der Arbeitsergebnisse und in der Folge die Zufriedenheit der Kunden. Langfristig wandern wichtige Kunden zur Konkurrenz ab (Strategiefehler bei den internen Erfolgsfaktoren).

Solche strategischen Fehler unterlaufen keineswegs nur unerfahrenen Jungunternehmern. Auch altgediente KMU-Chefs können in die Strategiefalle tappen, gerade wenn sie auf neue Herausforderungen mit Business as usual, sprich mit der Haltung „Das haben wir schon immer so gemacht", antworten.

Der Handlungsspielraum für den Unternehmer ist im Stadium der Strategiekrise noch verhältnismäßig groß, die Kosten einer Kurskorrektur folglich noch beherrschbar. Diese Chancen müssen genutzt werden. In dieser Phase kann das Management noch agieren, später nur noch reagieren.

Die ersten Vorboten einer Strategiekrise sind für einen Unternehmer allerdings besonders schwer zu erkennen, vor allem dann, wenn dieser in der täglichen Arbeitsroutine stark eingespannt ist. Auftragsverluste oder ein Rückgang der Bestellmengen können beispielsweise erste Warnsignale sein. Sie schlagen sich aber oft noch nicht deutlich genug im Ergebnis nieder, sodass nicht alle Unternehmer den Ernst der Lage begreifen. Schwer zu beurteilen ist für das Management vor allem, ob es sich um den Beginn einer lang andauernden Krise oder nur um eine vorübergehende, konjunkturell bedingte Schwankung handelt. Unter Umständen nämlich kann sich der Weg von der Strategiekrise in die Liquiditätskrise über Jahre hinziehen.

Die Ergebniskrise

In dieser Phase sind erste Auswirkungen der negativen Entwicklung bereits direkt messbar. Die geplanten Umsatz- und Ertragsziele sind nicht mehr einzuhalten, die Margen schrumpfen. Der Spielraum für künftige Investitionen verengt sich zunehmend, und die Substanz des Unternehmens wird nach und nach aufgezehrt. In der Ergebniskrise läuft der Unternehmer zudem Gefahr, die ursprünglichen Auslöser der Krise gar nicht mehr zu erkennen. Viele Unternehmer reagieren nun mit kurzfristigen Maßnahmen, beispielsweise die Auflösung stiller Reserven, die allerdings nur an den akuten Symptomen ansetzen. Doch die Resultate solcher Maßnahmen verpuffen wirkungslos, wenn die strukturellen Mängel im Unternehmen nicht behoben werden.

Die Liquiditätskrise

In der letzten Phase nimmt die Dynamik der krisenhaften Entwicklung deutlich zu. Umsatzeinbußen führen gerade bei eigenkapitalschwachen KMU sehr schnell in die Liquiditätsnot. Die Eigenkapitalreserven sind aufgebraucht, und Fremdkapitalquellen stehen den Unternehmen in einer solchen Situation kaum mehr zur Verfügung. Eine Kettenreaktion verhängnisvoller Prozesse wird so in Gang gesetzt: Die Zahlungsverpflichtungen des Unternehmens können nicht mehr bedient und Kundenaufträge nicht länger korrekt abgewickelt werden. Das Ansehen des Unternehmens leidet, Lieferanten und Kunden steigen auch aus langjährigen Geschäftsbeziehungen aus. Schließlich verlassen die Know-how- und Leistungsträger das Unternehmen. In dieser Endphase einer Unternehmenskrise ist zugleich die Verhandlungsbereitschaft wichtiger Partner wie Banken oder Lieferanten nicht mehr vorhanden. Der Unternehmer steht zunehmend vor verschlossenen Türen.

Die angespannte Lage im Unternehmen schlägt auch auf die persönliche Situation des Inhabers und seiner Familie durch. Diese zusätzliche Belastung führt häufig zu panikartigen, unüberlegten Reaktionen, die den Zusammenbruch des Unternehmens noch beschleunigen.

Deshalb: Je früher eine Krise erkannt und bekämpft wird, desto größer ist die Chance, eine drohende Insolvenz abzuwenden!

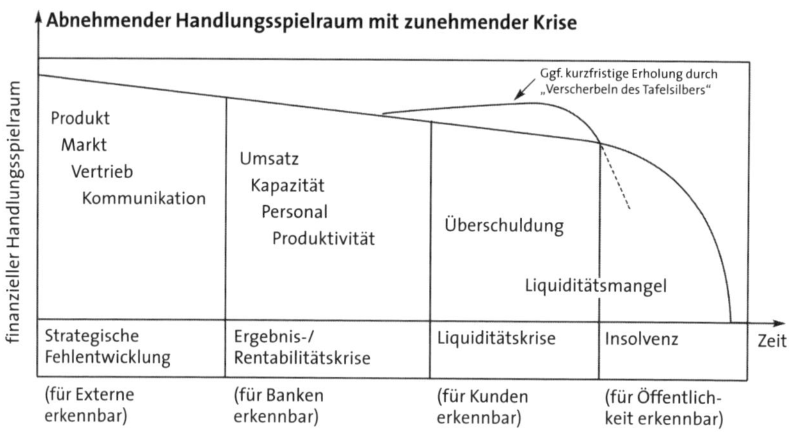

Abb. 1: Typischer Verlauf einer Krise

Welche Unternehmen besonders gefährdet sind

Jedes Unternehmen kann in eine Krise geraten. Trotzdem gibt es bestimmte Unternehmenstypen, die besonders gefährdet sind. Welche Merkmale für diese Unternehmen charakteristisch sind, veranschaulichen die folgenden Beispiele.

Gefährdet: Unternehmen mit nur einem Standbein

Gerade junge Unternehmen sind zu Beginn ihrer wirtschaftlichen Tätigkeit sehr oft von nur einem einzelnen Produkt oder von einem Großabnehmer abhängig. Wer es versäumt, seine Angebotspalette und seinen Kundenkreis mit der Zeit zu erweitern, ist besonders anfällig für Insolvenzen. Beispielsweise wenn der Hauptkunde seine Abnahmemengen zurückschraubt oder wenn der technische oder preisliche Wettbewerbsvorsprung beim Hauptprodukt durch die Konkurrenz wettgemacht wurde.

Gefährdet: Unternehmen, die zu stark diversifiziert sind

Auch der entgegengesetzte Fall ist in der Praxis zu beobachten: Um wirtschaftlich überleben zu können, nehmen manche Existenzgründer in der Startphase auch Aufträge an, die gar nicht zum geplanten Kerngeschäft des Unternehmens gehören. Diese unternehmensfremden Geschäftsfelder bleiben dann über Jahre im Portfolio, obwohl sie gar nicht oder nicht wesentlich zum Erfolg beitragen. Sie binden Ressourcen und Kapazitäten und sind unter Umständen sogar Verlustbringer, die die Liquidität des Unternehmens zusätzlich belasten.

Gefährdet: Unternehmen, die ausschließlich auf den Chef zugeschnitten sind

Dieses Phänomen ist gerade in inhabergeführten Familienunternehmen zu beobachten. Der Firmenlenker, oft zugleich auch der Gründer des Unternehmens, hält alle Fäden in der Hand. Die Unternehmensstrukturen sind gänzlich auf ihn ausgerichtet. In solchen Unternehmen liegen die unternehmerische Kompetenz und/oder das technische Fachwissen ausschließlich beim Inhaber oder Geschäftsführer. Diese Abhängigkeit kann dem Unternehmen zum Verhängnis werden, nicht nur wenn der Inhaber aus dem Berufsleben ausscheidet und niemand seine Stelle ausfüllen kann. Schon eine längere Krankheit des Inhabers kann das Unternehmen in eine bedrohliche Situation führen. Oft leidet in diesen Unternehmen die vorausschauende Zukunftsplanung darunter, dass die Konzentration aller Kompetenzen und Aufgaben in einer Hand zu einer völligen Überlastung des Firmenchefs führt. Auch können sich neue Ideen in solchen Unternehmen nur schwer durchsetzen.

Gefährdet: Unternehmen, die zu schnell wachsen

Ineffiziente Unternehmensstrukturen sind ein Risikofaktor ersten Ranges. Ein Problem, mit dem vor allem junge Unternehmen in Boombranchen zu kämpfen haben. Die Auftragslage wächst dynamisch, die Personaldecke reicht schnell nicht mehr aus. Die notwendige Anpassung des Unternehmens an die steigende Nachfrage wird aber häufig unterschätzt. Auch die Qualifizierung der Mitarbeiter zur Bewältigung der neuen Herausforderungen fällt der Zeitnot zum Opfer. Die Kommunikationsstrukturen im Unternehmen und die Logistik können bald schon mit dem Unternehmenswachstum nicht mehr Schritt halten. Oft sind es die fehlende Erfahrung der Jungunternehmer oder auch eine gewisse Sentimentalität gegenüber dem eigenen Gründermythos, die eine Anpassung der inneren Organisation blockieren. Paradoxerweise wird diesen Unternehmen gerade der eigene Erfolg zum Verhängnis, weil unter der steigenden und nicht mehr zu bewältigenden Nachfrage die Qualität ihrer Produkte und Dienstleistungen zunehmend leidet.

Gefährdet: Unternehmen, die ausschließlich technisch orientiert sind

Bei Unternehmen, die beispielsweise von Ingenieuren oder Informatikern gegründet wurden, dreht sich nicht selten alles um die technischen Parameter des Produkts. Betriebswirtschaftliche Aufgaben, etwa die Vermarktung der Produkte und Dienstleistungen, der Aufbau eines schlagkräftigen Vertriebes oder eine effiziente Kostenkontrolle werden dagegen vernachlässigt. In solchen Unternehmen mangelt es an einem ausgewogenen Verhältnis zwischen technischem und betriebswirtschaftlichem Know-how im Management. Im Ergebnis können so auch Unternehmen mit technisch ausgereiften und innovativen Produkten am Markt scheitern.

Gefährdet: Unternehmen, die sich nur auf das Tagesgeschäft konzentrieren

In diesen Unternehmen dominiert das Tagesgeschäft das unternehmerische Handeln. Planungen für zukünftige Investitionen oder die Erschließung neuer Märkte werden immer wieder zurückgestellt. Langfristige Ziele sind – wenn überhaupt – nur vage formuliert. In wirtschaftlich schwierigeren Zeiten fehlt solchen Unternehmen deshalb eine Orientierungsgröße für ihr Krisenmanagement.

Gefährdet: Unternehmen mit unzureichender Eigenkapitalausstattung

Die niedrige Eigenkapitalquote (Anteil des Eigenkapitals an der Bilanzsumme) vieler KMU gehört zu den besonders schwer wiegenden Insolvenzrisiken. Knapp über 30 Prozent der KMU in Deutschland müssen mit einer völlig unzureichenden Eigenkapitalquote von unter zehn Prozent auskommen. Unternehmen, die es versäumen, rechtzeitig Eigenkapital zu bilden, sei es durch die Einbehaltung von Gewinnen oder die Aufnahme neuer Beteiligungspartner, geraten in Zeiten schwacher Konjunktur schnell an den Rand der Zahlungsunfähigkeit.

Insolvenzursachen aus der Sicht von Insolvenzverwaltern

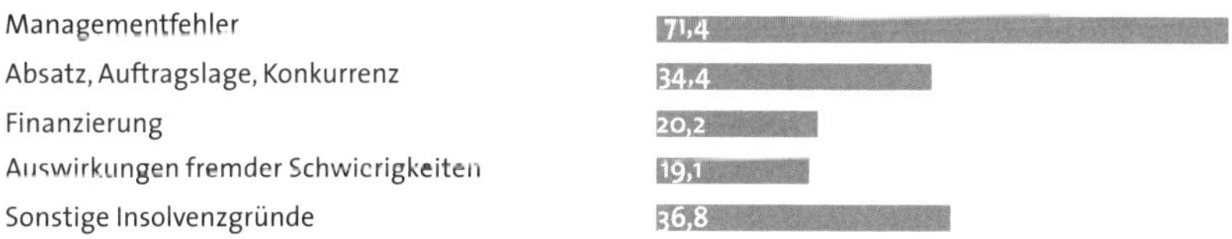

Abbildung 2: Insolvenzursachen aus der Sicht von Insolvenzverwaltern
Quelle: Creditreform, 2004; Angaben in Prozent, Mehrfachnennungen möglich

II

Erfolgsfaktoren im Unternehmen

- Erfolgsfaktor Management
- Erfolgsfaktor Finanzierung
- Erfolgsfaktor Controlling
- Erfolgsfaktor Personal
- Erfolgsfaktor Marketing

Erfolgsfaktoren im Unternehmen

Die folgenden Überlegungen gelten der Frage, welche Managementfehler zu einer Krise im Unternehmen führen können. Dieser Ratgeber konzentriert sich dabei auf fünf wesentliche Erfolgsfaktoren. Werden diese vernachlässigt, büßt das Unternehmen an Wettbewerbsfähigkeit ein. Die fünf Erfolgsfaktoren sind:

1. Das Management.
2. Die Finanzierung.
3. Das Controlling.
4. Das Personal.
5. Das Marketing.

Ein für alle Unternehmen gültiges Erfolgsrezept zur Prävention von Krisen gibt es nicht. Die folgenden Betrachtungen geben aber einen Überblick über typische unternehmerische Defizite, die gerade in kleineren Unternehmen immer wieder zu beobachten sind.

Erfolgsfaktor Management

Ein Unternehmen kann nicht erfolgreicher sein, als es die Qualität seines Managements zulässt. Die Fähigkeiten der Unternehmensleitung entscheiden letztendlich, ob ein Unternehmen auch in kritischen Zeiten überlebensfähig bleibt.

Die Abbildung auf Seite 22 zeigt, wie unterschiedlich die Außensicht auf eine Unternehmenskrise und das Selbstbild der Unternehmer ausfallen können. Ihr liegt eine Umfrage unter insolvenzgefährdeten Unternehmen und deren Hausbanken über die Krisenursachen zu Grunde. Auffällig dabei ist: Gerade wenn es um Fehler in der Unternehmensführung geht, weichen die Zahlen stark voneinander ab. Auch dies belegt, wie schwer es vielen Unternehmern fällt, sich der eigenen Verantwortung für die prekäre Situation ihrer Firma bewusst zu werden.

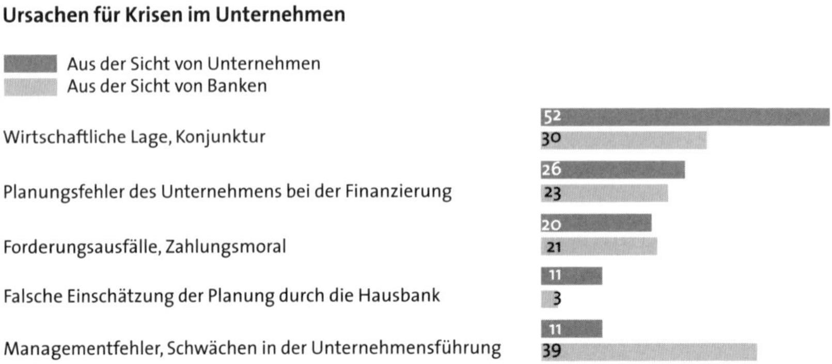

Abbildung 3: Ursachen für Krisen im Unternehmen
Quelle: KfW, 2003; Angaben in Prozent, Mehrfachnennungen möglich

Um Krisen im Unternehmen vorbeugen zu können, muss sich die Unternehmensführung zunächst verdeutlichen, worin ihre vordringlichsten Aufgaben bestehen. Einige dieser Aufgaben sind:

1. Entwickeln strategischer Vorgaben

Setzen Sie sich Ziele: Wo soll Ihr Unternehmen in den kommenden fünf Jahren stehen? Solche Unternehmensziele können sowohl quantitativer Art (z.B. Umsatzziele insgesamt oder per Mitarbeiter, Deckungsbeitragsziele, Kostenziele, Marktanteilsziele) als auch qualitativer Art sein (z.B. das Erreichen eines bestimmten Images beim Kunden etwa als qualitätsorientierter Produzent oder als führender Servicedienstleister in der Region). Legen Sie außerdem die Strategien und Instrumente fest, mit denen Sie diese Ziele erreichen wollen.

2. Schaffung effizienter Organisations- und Informationsstrukturen im Unternehmen

Dazu gehört unter anderem, dass Sie die Verantwortlichkeiten im Unternehmen klar definieren. Wer übernimmt welche Aufgaben, und wie sind die einzelnen Verantwortungsbereiche abgegrenzt? Ein weiterer Schwachpunkt in vielen Unternehmen ist die Kommunikation zwischen den verschiedenen Unternehmensebenen. Gerade in Betrieben, die in wirtschaftliche Bedrängnis geraten sind, ist oft festzustellen, dass bei den Mitarbeitern und selbst den Mitgliedern der Unternehmensführung der Informationsstand über die wahre Lage des Unternehmens äußerst dürftig ist. In solchen Betrieben wird weder über die laufende Geschäftsentwicklung noch über bereits erkennbare Krisentendenzen regelmäßig und in institutionalisierter Form gesprochen.

3. Entwicklung und Pflege der Unternehmenskultur

Die Entwicklung einer Unternehmenskultur ist nicht nur eine Aufgabe, die sich in international operierenden Konzernunternehmen stellt. Auch in KMU mit nur wenigen Mitarbeitern existiert eine Unternehmenskultur. Sie wird entscheidend vom Führungsstil des Firmeninhabers geprägt. Deshalb ist es wichtig, dass dieser einen Führungsstil praktiziert, der die Mitarbeiter motiviert und die vorhandenen fachlichen und persönlichen Ressourcen der Belegschaft ausschöpft.

Wie man mit seinen Mitarbeitern nicht umgehen sollte, zeigen folgende Merkmale eines demotivierenden und leistungshemmenden Führungsstils:

- Der Unternehmer hält an einmal getroffenen Entscheidungen unumstößlich fest: Auf Verbesserungsvorschläge von Mitarbeitern wird nicht eingegangen. Folge: Die Belegschaft reduziert ihr Engagement, es wird „Dienst nach Vorschrift" geschoben.
- Der Unternehmer stellt seine Mitarbeiter vor vollendete Tatsachen: Mitarbeiter werden über Entscheidungsprozesse und Projektplanungen nicht ausreichend informiert.
- Der Unternehmer ist nicht bereit, Aufgaben und Verantwortung zu delegieren: Die Mitarbeiter lernen nicht, Verantwortung für ihr Handeln und für das Unternehmen zu übernehmen. Darunter leidet in der Regel die Identifikation der Mitarbeiter mit dem Betrieb und die Darstellung des Unternehmens nach außen. Gerade aber wenn sich das Unternehmen in unruhigem Fahrwasser befindet, ist es dringend geboten, dass sich der Chef auf die Rettung des Unternehmens konzentriert, statt sich im Tagesgeschäft zu verzetteln.
- Der Unternehmer trifft keine Entscheidungen: Statt mit einem Unternehmer haben es die Mitarbeiter eher mit einem Unterlasser zu tun.

Seine Entscheidungsschwäche lähmt das Unternehmen. Weitere Anmerkungen zum optimalen Umgang mit dem Personal finden Sie im Abschnitt „Erfolgsfaktor Personal“ (siehe Seite 54ff.).

4. Qualifizierung des Managements

Ein Defizit, das viele Unternehmen von der Gründungsphase an belastet, ist die fehlende kaufmännische Qualifikation des Managements. Oft erwerben junge Unternehmer das nötige unternehmerische Fachwissen erst in der Startphase, sozusagen durch Learning by Doing. Das reicht jedoch nicht immer aus. Viele Unternehmensinhaber scheuen aber selbst in Krisensituationen davor zurück, externen Sachverstand ins Boot zu holen, entweder wegen der damit verbundenen Kosten oder weil sie um ihre Entscheidungsbefugnisse fürchten.

5. Installieren von Kontrollsystemen

Die Geschäftsführung muss Maßnahmen zur Krisenvorsorge einführen und ist für deren Anwendung und Kontrolle verantwortlich. Mehr zu diesem Thema finden Sie im Abschnitt „Erfolgsfaktor Controlling“ (siehe auch Seite 35ff.).

Krisenmanagement in der Praxis: Vorsprung durch Organisation

Das Problem

Ein Optikerfachgeschäft sieht sich damit konfrontiert, dass die Wiederkaufintervalle für Brillen zeitlich zunehmen. Die Kunden wechseln auf Grund der hohen Preise offensichtlich immer seltener ihre Brillengestelle. Der Gesamtumsatz der Branche stagniert. Gleichzeitig drängen Großfilialisten in das Einzugsgebiet des Unternehmens vor und gewinnen durch einen harten Preiswettbewerb neue Kunden. Der Optiker muss mit sinkenden Umsätzen und Deckungsbeiträgen rechnen.

Die Gegenstrategie

Der Unternehmer analysiert das Kaufverhalten der Kunden und entwickelt daraus seine Unternehmensziele: Preiswertere Brillen und dennoch ein ausreichend guter Service. Dadurch sollen die Kaufintervalle wieder gesenkt werden.

Die Maßnahmen

Der Unternehmer gestaltet sein Geschäft anhand der Verkaufskonzepte von Marktführern in der eigenen und in anderen Branchen um (Benchmarking). Das Geschäft ist nun kundenfreundlicher und ermöglicht auch Selbstbedienung für Kunden, die nur wenig Beratung brauchen. Um Kunden mit höherem Beratungsbedarf effizienter bedienen zu können, werden die Abläufe von Verkaufsgesprächen mit den Mitarbeitern analysiert und optimiert. So können bisherige Leerlaufzeiten vermieden werden. Im Ergebnis werden mehr Verkaufsgespräche in schnellerer Zeit geführt, ohne dass darunter die Beratungsqualität leidet.

Die Mitarbeiter werden laufend durch Weiterbildungen zum Beispiel in Verkaufstechniken qualifiziert. Außerdem erfasst der Optiker wichtige Kennzahlen wie beispielsweise die Umsätze pro Mitarbeiter und bewertet sie regelmäßig anhand von Vergleichszahlen aus der Branche. Einmal im Monat werden diese und andere Kennzahlen mit den Mitarbeitern besprochen. Verbesserungsvorschläge der Mitarbeiter werden geprüft und gegebenenfalls in der Unternehmensplanung berücksichtigt.

Das Ergebnis

Dem Unternehmen gelingt es, durch eine Optimierung der Arbeitsabläufe die Kosten zu senken. Mitarbeiter werden in die Unternehmensstrategie einbezogen und dadurch zusätzlich motiviert. Es findet ein kontinuierliches Controlling statt. Dadurch kann das Unternehmen trotz neuer Wettbewerber seinen Marktanteil in der Region halten.

Checkliste Management

Erfolgsfaktor Management – optimal genutzt?

Prüfen Sie folgende Fragen in Ihrem Unternehmen:

	Ja	Nein
Sind in Ihrem Unternehmen Ziele messbar definiert?	☐	☐
Werden sie ständig überprüft und angepasst?	☐	☐
Reichen die kaufmännischen Qualifikationen aus, um diese Ziele zu erreichen?	☐	☐
Wenn nicht: Muss ein zusätzlicher Mitarbeiter eingestellt werden?	☐	☐
Lässt sich das Problem durch Outsourcing lösen?	☐	☐
Lässt es sich durch Berater lösen?	☐	☐
Lässt sich die Qualifikationslücke durch eigene Weiterbildung schließen?	☐	☐
Sind Kontrollsysteme installiert, um Fehlentwicklungen aufzuspüren?	☐	☐
Ist Ihr Unternehmen so organisiert, dass Informationen über Schwachstellen weitergeleitet und ausgewertet werden?	☐	☐
Ist Ihr Unternehmen so organisiert, dass Verantwortlichkeiten bei der Krisenvorsorge geklärt sind?	☐	☐

Erfolgsfaktor Finanzierung

Fehler in der Finanzierung gehören regelmäßig zu den folgenschwersten Versäumnissen des Managements und sind eine der häufigsten Ursachen für Firmenpleiten.

Den größten Risikofaktor stellt dabei in vielen Unternehmen die viel zu geringe Eigenkapitalquote dar (siehe Abbildung 4). Ein Missstand, der oft schon bei der Gründungsfinanzierung entsteht und im weiteren Fortbestehen des Unternehmens nicht behoben wird. Die oft einseitige Ausrichtung des deutschen Mittelstandes auf den Fremdkapitalmarkt hat eine lange Tradition. In der Folge war der Markt für Beteiligungskapital in Deutschland lange Zeit weit schwächer ausgeprägt als beispielsweise im angelsächsischen Raum.

Erschwerend kommt hinzu, dass eine externe Eigenkapitalzufuhr mit Mitspracherechten in der Unternehmensführung verbunden sein kann. Ein Umstand, der vielen mittelständischen Unternehmensinhabern widerstrebt.

Im Ergebnis führte dies dazu, dass der deutsche Mittelstand im internationalen Vergleich auch heute noch mit einer weitaus geringeren Eigenkapitalausstattung wirtschaften muss. So liegt die durchschnittliche Eigenkapitalquote bei deutschen KMU bei 20 Prozent, in Großbritannien oder den USA aber bei 40 bzw. 45 Prozent.

Dabei liegen die Vorteile einer gesunden Eigenkapitalbasis auf der Hand: Eigenkapital steht dem Unternehmen langfristig zur Verfügung, ohne dass dafür ein Kapitaldienst zu leisten wäre. Dies gewährt dem Unternehmer auch in schwachen Geschäftsjahren eine gewisse Unabhängigkeit. Verluste können so in bestimmten Grenzen aufgefangen werden.

Eine gute Versorgung mit Eigenkapital steigert zudem die Bonität des Unternehmens und bildet so die Grundlage für die Aufnahme von Fremdkapital sowie den besseren Zugang zu staatlichen Fördermitteln. Als Richtgröße für eine angemessene Eigenkapitalausstattung kann eine Eigenkapitalquote von 30 Prozent angesehen werden. Eigenkapitalquoten von unter 10 Prozent sind dagegen unmittelbar existenzbedrohend.

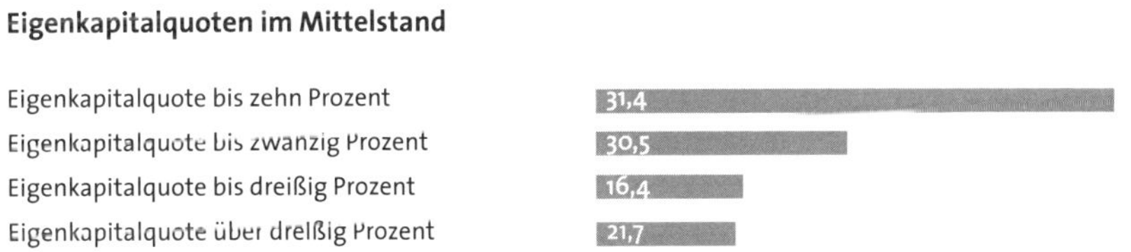

Abbildung 4: Eigenkapitalquoten im Mittelstand
Quelle: Creditreform, 2004; Angaben in Prozent

Vorsorgeaufgabe Nr. 1: Eigenkapital bilden

Zu einer professionellen Krisenprävention gehört es deshalb, rechtzeitig die Eigenkapitalquote des Unternehmens zu erhöhen.

Dazu bieten sich dem Unternehmer verschiedene Kapitalquellen an. Sofern die Gesellschafter des Unternehmens nicht bereit oder fähig sind, zusätzliches Eigenkapital einzubringen, müssen externe Kapitalquellen erschlossen werden. Die Chancen hierzu sind je nach Rechtsform des Unternehmens unterschiedlich. Allgemein kommen zur Aufbesserung der Eigenkapitalquote folgende Kapitalgeber in Betracht:

- Beteiligungskapitalgeber
  - Venture-Capital-Gesellschaften
  - Mittelständische Beteiligungsgesellschaften
  - Business Angels

Die Venture-Capital-Gesellschaften investieren ihr zum Teil in Fonds gesammeltes Kapital in Unternehmen mit Eigenkapitalbedarf. Diese Minderheitenbeteiligungen sind in der Regel zeitlich begrenzt und renditeorientiert. Je nach Ausrichtung der Venture-Capital-Gesellschaft wird dabei in besondere Phasen des Unternehmens (z.B. Gründung, Wachstum, Übernahme) oder in bestimmte Branchen investiert. Mittelständische Beteiligungsgesellschaften sind Selbsthilfeeinrichtungen der Wirtschaft, die auf die Bedarfe kleiner und mittlerer Unternehmen zugeschnittene Beteiligungsmöglichkeiten anbieten. Bei den Business Angels handelt es sich um private Investoren, oftmals ehemalige Manager. Neben zusätzlichem Eigenkapital profitiert das Unternehmen in solchen Fällen häufig auch von den geschäftlichen Kontakten oder der Managementerfahrung der Investoren.

- Geschäftspartner
  - Kunden
  - Lieferanten

Als Beteiligungspartner kommen beispielsweise auch Kunden und Lieferanten in Frage, die ein lebhaftes Eigeninteresse am Fortbestand des Unternehmens haben. Die Motive einer solchen Beteiligung sind natürlich im Vorfeld genau zu prüfen.

- Mitarbeiter
  - Mitarbeiterbeteiligungsmodelle

Für die Beteiligung von Mitarbeitern bieten sich zahlreiche Modelle an wie beispielsweise die Umwandlung von Lohnbestandteilen in eine Unternehmensbeteiligung. Voraussetzung für ein solches Finanzierungsmodell ist allerdings ein vertrauensvolles Klima innerhalb der Firma und eine Einbindung der Mitarbeiter in die strategische Planung.

- Persönliche Kontakte
  - Geschäftsfreunde
  - Familie
  - Freundeskreis

Persönliche Kontakte spielen in der Unternehmensfinanzierung in der Praxis immer noch eine herausragende Rolle, insbesondere bei kleinen Unternehmen mit regional begrenztem Tätigkeitsfeld.

Tipp: Hier bekommen Sie Informationen

Beteiligungskapital:
Bundesverband Deutscher Kapital-Beteiligungs-Gesellschaften
Telefon 030 306982-0
www.bvk-ev.de

Business Angels:
Business Angels Netzwerk Deutschland
Telefon 0201 89415-60
www.business-angels.de

Mitarbeiterbeteiligungsmodelle:
AGP Arbeitsgemeinschaft in der Wirtschaft
Telefon 0561 36044
www.agpev.de

Mezzanine-Kapital einwerben

Neben der direkten Unternehmensbeteiligung stößt in den letzten Jahren das so genannte Mezzanine-Kapital auf wachsendes Interesse bei Kapital suchenden Unternehmen. Charakteristisch für Mezzanine-Kapital ist, dass es zwischen Eigen- und Fremdkapital einzuordnen ist. Der Vorzug gegenüber anderen gängigen Finanzierungsinstrumenten besteht wiederum darin, dass den Unternehmen mit Hilfe von Mezzanine-Kapital quasi eigenkapitalähnliche Mittel zufließen und damit ein größerer Risikopuffer in der Bilanz gebildet werden kann. Mezzanine-Kapital stärkt die Eigenkapitalposition des Unternehmens, ohne dass damit wie bei einer Direktbeteiligung Mitspracherechte im Unternehmen verbunden wären.

Auch hier gilt aber, dass sich der Unternehmer rechtzeitig um eine solche Kapitalspritze bemühen sollte. Zum Ausgleich einer akuten Liquiditätslücke oder nachhaltiger Verluste eignet sich Mezzanine-Kapital nicht, da die Kapitalgeber in der Regel an einem langfristig-strategischen Investment interessiert sind. Die gebräuchlichsten Instrumente der Mezzanine-Finanzierung sind:

- Genussscheine,
- Stille Beteiligungen (typisch/atypisch),
- Nachrangdarlehen.

Unternehmerkapital für den Mittelstand

Die KfW Mittelstandsbank stellt mittelständischen Unternehmen mit der Produktfamilie *Unternehmerkapital* Mezzanine-Kapital in Form von Nachrangdarlehen zur Verfügung. Unter rechtlichen Aspekten ist das *Unternehmerkapital* als Fremdkapital zu betrachten, da der Kreditnehmer zur Rückzahlung des Darlehens verpflichtet ist.

Im Unterschied zum klassischen Bankkredit verleiht die Übernahme der Haftung für das gewährte Mezzanine-Kapital dem Nachrangdarlehen aber den Charakter von wirtschaftlichem Eigenkapital. Denn im Fall der Insolvenz eines Kreditnehmers tritt der Darlehensgeber – in diesem Fall die KfW – gegenüber anderen Gläubigern zurück.

Unternehmerkapital gibt es in drei Bausteinen:

Baustein 1 richtet sich an Existenzgründer und junge Unternehmer. Mit Hilfe des Nachrangdarlehens können nahezu alle für den Aufbau des Unternehmens notwendigen Investitionen finanziert werden. Die Merkmale des Unternehmerkapitals für junge Unternehmen sind:
Fördersumme: bis zu 500.000 Euro je Antragsteller.
Laufzeit: 15 Jahre, davon sieben Jahre tilgungsfrei.

Baustein 2 richtet sich an Unternehmen in der Wachstumsphase zwei bis fünf Jahre nach der Gründung. Diese Variante des *Unternehmerkapitals* können nicht nur natürliche Personen wie bei Baustein 1, sondern auch Unternehmen beantragen. Die Merkmale des Unternehmerkapitals für Wachstumsunternehmen sind:
Fördersumme: bis zu 500.000 Euro je Antragsteller.
Laufzeit: 15 Jahre, davon sieben Jahre tilgungsfrei.

Der Zins wird zu Beginn der Laufzeit für zehn Jahre festgelegt und danach an die aktuelle Entwicklung des Kapitalmarkts angepasst. Maßgebend für die Zinshöhe ist auch die Beurteilung der Bonität des Unternehmens.

Baustein 3 richtet sich an Unternehmen, die länger als fünf Jahre am Markt sind und über eine solide Bonität verfügen. Gefördert werden Investitionen zur Schaffung beziehungsweise Sicherung von Arbeitsplätzen. Die Förderung setzt sich aus zwei Tranchen, einem Nachrangdarlehen und einer klassischen Kreditfinanzierung, zusammen. Die Merkmale des *Unternehmerkapitals* in dieser Variante sind:
Fördersumme: bis zwei Millionen Euro.
Laufzeit: zehn Jahre, die Tilgung der Fremdkapitaltranche setzt nach drei, die der Nachrangtranche nach sieben Jahren ein.

Alternativen zum klassischen Kredit prüfen

Bei der Aufnahme von Fremdkapital sollte darauf geachtet werden, dass die Liquidität des Unternehmens durch den Kapitaldienst nicht gefährdet wird. Deshalb sollten auch hier Alternativen zum klassischen Kredit in Betracht gezogen werden, um einen für das Unternehmen optimalen Finanzierungs-Mix zu erreichen. Dazu gehört zum Beispiel die Möglichkeit des Leasing: Beim Leasing lassen sich Fahrzeuge, Maschinen oder die Büroausstattung für eine bestimmte festgelegte Laufzeit zu festen Monatsraten nutzen. Die Leasing-Raten mindern den Gewinn und senken die steuerlichen Belastungen. Eine weitere Möglichkeit, die Liquidität des Unternehmens zu schonen, ist das Factoring, das im Abschnitt Controlling (siehe Seite 35ff.) eingehender behandelt wird.

Rating: Unternehmen auf dem Prüfstand

Die Optimierung der Unternehmensfinanzierung zur Vorbeugung von Insolvenzen hat auch unter dem Schlagwort „Basel II" in den letzten Jahren erheblich an Bedeutung gewonnen. Diese internationale Vereinbarung über neue Eigenkapitalrichtlinien für Geschäftsbanken, Sparkassen und Genossenschaftsbanken verpflichtet die Kreditinstitute, künftig die Besicherung ihres Kreditengagements an der Bonität des Kreditnehmers auszurichten. Um diese Bonität bewerten zu können, führen die Kreditinstitute so genannte Ratings durch. Dabei spielen Fragen der Finanzierungsstruktur sowie der Risikoprävention in den Unternehmen eine wichtige Rolle bei der Entscheidung über eine Kreditgewährung.

Künftig werden die Banken für Kredite an Unternehmen mit geringerer Bonität mehr Eigenkapital zur Absicherung bereithalten müssen. Die daraus entstehenden Kosten werden in Form höherer Zinsen an diese Kreditnehmer weitergegeben. Die Banken haben deshalb ihre Regeln für Bonitätsprüfungen in den letzten Jahren standardisiert und zugleich verschärft. Für Unternehmen wiederum, die sich über einen Kredit zusätzliche Liquidität verschaffen wollen, wird die Vorbereitung auf ein solches Rating zu einer unternehmerischen Pflichtaufgabe.

Diesen Firmen-TÜV führen zum einen wie bisher die Banken selbst durch (internes Rating). Für Unternehmen, die sich über mehrere Quellen finanzieren, kommt aber auch eine Bewertung durch unabhängige Ratingagenturen infrage (externes Rating). Unabhängig davon, ob nun ein internes oder externes Rating gewählt wird, sicher ist, dass sich die Verfahren in den meisten Punkten ähneln werden: Dabei wird die aktuelle finanzielle Situation des Unternehmens ebenso unter die Lupe genommen wie seine Zukunftsperspektiven. Bilanzen, Jahresabschlüsse, Betriebswirtschaftliche Auswertungen, die Investitionsplanung und die Liquiditätsvorschau sowie die Umsatz-, Kosten- und Ertragsplanung des Unternehmens liefern die notwendigen Daten für das Rating. Aber auch die Qualität des Managements, die eingesetzten Führungsinstrumente sowie die individuellen Unternehmensrisiken und -chancen kommen auf den Prüfstand.

Beispielhaft folgen einige Fragen, mit denen Unternehmer bei einem Rating durch die Kreditinstitute rechnen müssen:

- Sind die Unternehmensziele und Strategien schriftlich fixiert?
- Wie oft wurden in den letzten Jahren Strategien nicht eingehalten oder verändert?
- Wie stabil sind die Eigentümerverhältnisse im Unternehmen?
- Wie ist die Nachfolge im Unternehmen geregelt?
- Welche Qualität hat das Controlling im Unternehmen?
- Welche Qualität hat das Liquiditätsmanagement im Unternehmen?
- Wo stehen die Produkte des Unternehmens im Produktlebenszyklus?
- Welche Stellung haben die Produkte im Markt?
- Welche Qualifikationen haben die Mitarbeiter?

Um sich auf das Rating vorzubereiten, sollten Sie deshalb frühzeitig mit dem Firmenkundenbetreuer Ihrer Bank Kontakt aufnehmen und sich nach den Kriterien der Bonitätsprüfung erkundigen. Neben der Aufbereitung des Zahlenmaterials in aktueller Form, beispielsweise für die Betriebswirtschaftliche Auswertung (BWA) und die Liquiditätspläne, sollten die Firmenstrategie und die Marktposition des Unternehmens und seiner Produkte schriftlich fixiert werden. Daneben gehört zur Vorbereitung auf das Rating der Hausbank natürlich eine Schwachstellenanalyse des eigenen Unternehmens. Vorhandene Defizite wie eine zu geringe Eigenkapitalausstattung, mangelnde Qualifikation der Mitarbeiter, eine fehlende Nachfolgeregelung oder unzureichende Controlling- und Risikomanagementsysteme sollten im Vorfeld eines Kreditgesuchs ausgeräumt werden.

Krisenmanagement in der Praxis: Mehr Eigenkapital schafft Sicherheit

Das Problem

Ein mittelständisches Unternehmen liefert speziell auf den Auftraggeber zugeschnittene elektrische Antriebssysteme für den Anlagenbau. Die Antriebssysteme werden von dem Unternehmen geplant, entwickelt und gefertigt. Dadurch entstehen hohe Vorleistungskosten. Deshalb benötigt das Unternehmen ausreichende Liquidität, um den Zeitraum bis zum Zahlungseingang überbrücken zu können. In früheren Jahren ist das Unternehmen mehrfach bei Großprojekten in Zahlungsschwierigkeiten geraten.

Die Gegenstrategie

Der Unternehmer analysiert seinen Finanzierungsbedarf für konkrete Projekte und versucht, seine Eigenkapitalsituation zu verbessern. Damit will er seine Stellung gegenüber der Bank bei den notwendigen Kreditverhandlungen stärken. Ziel ist es, über ein gutes Rating die Fremdkapitalkosten zu senken.

Die Maßnahmen

Der Unternehmer erweitert seinen Handlungsspielraum, in dem er eine speziell auf das Mittelstandsgeschäft ausgerichtete Beteiligungsgesellschaft als Partner gewinnt. Die übernimmt sowohl einen Anteil an der GmbH und stellt zusätzlich eine stille Beteiligung zur Verfügung. Außerdem beteiligt der Inhaber einen langjährigen leitenden Mitarbeiter am Unternehmen und sichert damit auch die personelle Zukunft des Unternehmens.

Das Ergebnis

Durch die breitere Eigentümerbasis und den Zufluss von frischem Eigenkapital konnte das Unternehmen eine bessere Verhandlungsposition gegenüber der Hausbank erreichen. Der in der Folge zustande gekommene Kredit sichert die Vorfinanzierung zweier Großaufträge, die eine erhebliche Umsatzsteigerung für das laufende Geschäftsjahr erwarten lassen.

Checkliste Finanzierung

Erfolgsfaktor Finanzierung – optimal genutzt?

Prüfen Sie folgende Fragen in Ihrem Unternehmen:

	Ja	Nein
Erreicht die Eigenkapitalquote Ihres Unternehmens mindestens 20 Prozent?	☐	☐
Wenn nicht, lässt sich Ihre Eigenkapitalsituation kurzfristig verbessern:		
– durch die Aufnahme neuer Gesellschafter?	☐	☐
– durch die Aufnahme von Beteiligungskapital?	☐	☐
– durch die Inanspruchnahme von Mezzanine-Kapital?	☐	☐
– durch die Beteiligung der Mitarbeiter?	☐	☐
Werden Fremdkapitalinstrumente genutzt, die die Liquidität des Unternehmens entlasten können, z.B.		
– Leasing?	☐	☐
– Factoring?	☐	☐
Ist das Unternehmen auf ein Rating ausreichend vorbereitet, indem z.B.		
– der Kontakt zur Hausbank regelmäßig gepflegt wurde?	☐	☐
– die Rating-Kriterien der Hausbank bekannt sind?	☐	☐
– eine Schwachstellenanalyse im Unternehmen durchgeführt wurde?	☐	☐
– vorhandene Schwachstellen beseitigt wurden?	☐	☐
– das Zahlenmaterial aktualisiert wurde?	☐	☐
– Unternehmensziele schriftlich fixiert wurden?	☐	☐

Erfolgsfaktor Controlling

Ein kontinuierliches und zeitnahes Controlling gehört zu den zentralen Managementaufgaben eines jeden Unternehmers.

Der Begriff Controlling mag zunächst abschreckend wirken. „Das ist nur etwas für Großbetriebe", lautet denn auch ein häufiges Vorurteil, wenn Kleinunternehmer auf das Controlling als Steuerungsinstrument in ihrem Unternehmen angesprochen werden. Das ist aber falsch: Controlling ist für jeden Unternehmer Pflicht! Allerdings reicht es nicht, Controllingkonzepte von anderen Unternehmen auf den eigenen Betrieb zu übertragen. Die Steuerung des Unternehmens muss immer den eigenen spezifischen Gegebenheiten angepasst werden.

Controlling ist die Grundlage der Risikoprävention im eigenen Unternehmen. In kleinen Betrieben mit nur wenigen Mitarbeitern ist Controlling Chefsache. Sie darf nicht auf eine untergeordnete Stelle, beispielsweise auf die Buchhaltung abgeschoben werden. Deshalb muss sich der Unternehmer für die Analyse der Unternehmenszahlen und die Planung von Liquidität, Erträgen und Investitionen stets genügend Freiräume schaffen. Die Haltung „Dafür ist in meinem Tagesgeschäft keine Zeit" haben schon viele Unternehmen teuer bezahlt.

Die Ursachen für Finanzkrisen

Gefährliche Liquiditätskrisen im Unternehmen können viele Ursachen haben. Im Folgenden sind einige typische Situationen benannt, die zu Liquiditätsengpässen im Unternehmen führen können:

- Das Unternehmen erleidet in größerem Umfang Forderungsausfälle.
- Die Hausbank reduziert kurzfristig die Kreditlinie des Unternehmens.
- Die Umsatzerlöse sinken längerfristig bei gleich bleibenden Kosten.
- Steuernachzahlungen müssen geleistet werden.
- Bei ohnehin knappen Liquiditätsreserven müssen Kredite getilgt werden. Ein Problem, das beispielsweise junge Existenzgründer bei der Tilgung von Gründerfördermitteln oft unterschätzen.
- Durch Vorleistungen entstehen bei bestimmten Aufträgen hohe Abflüsse von Zahlungsmitteln, der Zeitraum bis zur Rechnungsstellung kann nicht überbrückt werden.
- Wegen eines mangelnden Versicherungsschutzes muss bei Schadensfällen oder Betriebsstillständen ein hoher Anteil der entstandenen Kosten vom Unternehmen selbst getragen werden.
- Kostensteigerungen bei wichtigen Roh-, Hilfs-, und Betriebsstoffen.
- Ein hoher Investitionsbedarf wird notwendig, um Innovationsvorsprünge von Wettbewerbern auszugleichen.

Gerade in diesen Fällen werden viele Unternehmer die Schuld für die eigene Schieflage in ihrem ökonomischen Umfeld suchen. Dies ist aber falsch: Viele der oben genannten Krisenursachen können durch vorsorgendes unternehmerisches Handeln abgewendet werden.

In vielen gefährdeten Unternehmen sind Controllinginstrumente nur lückenhaft bis gar nicht installiert. Stattdessen sind vielfach Teile des Rechnungswesens ausgelagert, zum Beispiel bei einem Steuerberaterbüro. Zahlen, die zur Steuerung des Unternehmens in Form einer Betriebswirtschaftlichen Auswertung notwendig wären, kommen so oft erst mit Verzögerung auf den Tisch und werden dann auch nicht immer ausreichend gewürdigt, im schlimmsten Fall gar ohne weitere Prüfung einfach zu den Akten gelegt.

Forderungsausfälle: ein Unternehmenskiller ersten Ranges

Eine der häufigsten Gründe für eine angespannte Liquidität in kleinen und mittleren Unternehmen sind Forderungsausfälle. Wenn fest eingeplante Zahlungseingänge ausbleiben, kommen diese Unternehmen schnell ins Schlingern. Das muss aber nicht sein.

Im Folgenden sei deshalb die Risikovorsorge am Beispiel des Forderungsmanagements erläutert.

Der Ausfall von Forderungen belastet mittelständische Unternehmen in erheblichem Umfang. Der Unternehmer wird dabei ungewollt zum Kreditgeber. Dies geht gerade bei eigenkapitalschwachen Kleinunternehmen nicht lange gut. Hinzu kommen oft noch Zahlungsverschleppungen in betrügerischer Absicht. Wie beim Domino-Effekt reißt dann eine von Insolvenz bedrohte Firma weitere Unternehmen mit in die Krise. Zwar hat der Gesetzgeber diesen Missstand erkannt und ist in den letzten Jahren verstärkt zur Bekämpfung dieses Übels aktiv geworden. Das Insolvenzrisiko, das durch Zahlungsausfälle in unserer Wirtschaft heraufbeschworen wird, wurde damit aber noch nicht entschärft.

So ergab eine Umfrage des Verbands der Vereine Creditreform unter mittelständischen Unternehmen: Im Durchschnitt begleichen zwei Drittel aller Kunden pünktlich ihre Rechnungen innerhalb von 30 Tagen. Ein Drittel lässt deutlich mehr Zeit verstreichen, teilweise vergehen mehr als 90 Tage. Über 85 Prozent der befragten Firmen hatten innerhalb eines Zeitraums von sechs Monaten Forderungsausfälle erlitten.

Für viele Unternehmer dürften Zahlungsausfälle den klassischen Fall einer unverschuldeten Notlage darstellen. Doch auch hier gilt: Wer Liquiditätsschwierigkeiten durch säumige Schuldner vermeiden will, sollte sich nicht allein auf den Gesetzgeber und die Gerichte verlassen.

Ein professionelles Forderungsmanagement gehört unabdingbar zur unternehmerischen Insolvenzprophylaxe. Gerade KMU scheuen aber oft den Zeit- und Kostenaufwand für diese Aufgabe. Sie fürchten zudem, der Kunde könnte bei einer vorsorglichen Bonitätsprüfung oder einem konsequenten Inkasso verloren gehen.

Diese Zurückhaltung kann für den Unternehmer gerade bei größeren Forderungsvolumen zum Fallstrick werden. Deshalb sollten Sie einige Grundsätze für ein erfolgreiches Forderungsmanagement unbedingt beherzigen:

1. Ihre Forderung muss durchsetzbar sein

Voraussetzung für die Durchsetzbarkeit ist, dass Sie den Schuldner korrekt bezeichnen. Bei Einzelfirmen heißt das: Kennzeichnung des Inhabers mit Vor- und Nachnamen; bei Personengesellschaften sollten sämtliche Gesellschafter mit Vor- und Nachnamen bekannt sein. Bei Kapitalgesellschaften muss der genaue Firmenname angegeben werden. Dies gilt gerade dann, wenn Sie es in einer größeren Firmengruppe mit mehreren Gesellschaften zu tun haben. Als erste Informationsquelle kann Ihnen hierbei der Briefkopf des Unternehmens dienen. Er muss die genannten Informationen ausweisen, zusätzlich lässt sich hieraus auch die Bankverbindung des Unternehmens erkennen.

2. Die Bonität des Geschäftspartners muss vorab geprüft werden

Ab einer für Ihre Liquidität relevanten Umsatzgröße sollten Sie den Vertragspartner vorab gründlich prüfen. Zumindest ein Blick ins Handelsregister ist ratsam: Hier erhält man Auskunft über haftende und nicht haftende Gesellschafter, Höhe des Stammkapitals einer GmbH und das Gründungsjahr des Unternehmens.

Des Weiteren sollten Bonitätsauskünfte eingeholt werden. Informationsquellen hierfür können sein:

Das eigene Rechnungswesen und der Verkauf: Beobachtungen des eigenen Rechnungswesens und des Außendienstes geben wichtige Hinweise auf die Zahlungsfähigkeit des Geschäftspartners.

Bankauskünfte: Eine Bankauskunft kann Hinweise auf das bisherige Zahlungsverhalten des Vertragspartners gegenüber Kreditinstituten liefern. Allerdings ist bei der Bewertung solcher Auskünfte Vorsicht geboten. Zu berücksichtigen ist, dass:

- die Auskunftsbereitschaft einzelner Banken höchst unterschiedlich ausfällt,
- Bankauskünfte in der Regel verklausuliert sind und deshalb der Interpretation bedürfen und
- eine aktuell drohende Zahlungsunfähigkeit in einem Unternehmen auch der Bank unter Umständen noch nicht bekannt ist.

Weitere externe Informationsquellen sind die Angebote gebührenpflichtiger Dienstleistungsunternehmen oder öffentlich einsehbare Verzeichnisse. Zum Beispiel:

Schufa:
Die Schutzgemeinschaft für Abzahlungskäufe unterhält ein bundesweites Schuldnerregister, das vor allem von Banken und Versandhäusern genutzt wird, aber auch nicht angeschlossenen Unternehmen zur Verfügung steht. Schufa-Auskünfte sind kostenpflichtig.

Wirtschaftsauskunfteien:
Hier sind kostenpflichtig Auskünfte über das Zahlungsverhalten und die Bilanzen von Unternehmen zu erhalten. Schwer zu beurteilen ist für den Unternehmer allerdings, inwieweit die angebotenen Daten aktuell sind und nicht ohnehin auf öffentlich zugänglichen Quellen beruhen.

Schuldnerverzeichnis des Amtsgerichts:
Hier sind Personen eingetragen, die im Rahmen einer Zwangsvollstreckung eine eidesstattliche Versicherung abgegeben haben.

Grundbuchämter:
Ein Einblick in das Grundbuch gibt Auskunft über die Eigentumsverhältnisse an Grundstücken und an den Belastungen, die der Eigner zu tragen hat.

Geschäftspartner:
Vor allem im regionalen Umfeld können kleine und mittlere Unternehmen über Geschäftspartner oder im sonstigen sozialen Umfeld des Unternehmens direkte Informationen über ihre Vertragspartner erhalten.

Bei Kunden, mit denen schon längere Geschäftsbeziehungen bestehen, sollten Sie auf jeden Fall auf Alarmsignale achten, die auf mögliche Liquiditätsprobleme beim Kunden hinweisen. Vor allem Mitarbeiter, die in ständigem Kontakt mit dem Kunden stehen, müssen deshalb für die Früherkennung möglicher Zahlungsschwierigkeiten sensibilisiert werden. Auch der Unternehmer selbst muss sich zu einem objektiven Blick zwingen. Oft verstellen langjährige Geschäftsbeziehungen die Einsicht in die Realitäten. Achten Sie deshalb auf folgende Verhaltensweisen, die auf Zahlungsschwierigkeiten bei Ihrem Kunden hindeuten:

- Zahlungsziele werden wiederholt überschritten;
- die Zahlungsweisen des Kunden ändern sich;
- das Skonto wird nicht mehr ausgenutzt;
- es wird um längere Zahlungsziele gebeten;
- die Bestellmengen sinken;
- die Zahl der Reklamationen steigt, offensichtlich, um Zahlungen herauszuzögern;
- Aufträge werden storniert;
- die Ansprechpartner im Unternehmen wechseln häufig;
- die Bankverbindung wird kurzfristig gewechselt;
- die Gesellschafterstruktur ändert sich überraschend.

Treten mehrere dieser Anzeichen innerhalb kürzester Zeit auf, so ist rasches Handeln geboten und eine genaue Schuldnerbeobachtung ratsam.

3. Die Verträge müssen wasserdicht sein

Ansonsten können Sie Ihre Ansprüche aus einem Vertrag kaum durchsetzen. Deshalb sollten Sie zwei Grundregeln beachten:

- Erstens: Schließen Sie Verträge schriftlich ab. Auch wenn Geschäftsabschlüsse unter hohem Zeitdruck zu Stande kommen, sollten Sie sich zumindest im Nachhinein um eine schriftliche Fixierung der Absprachen bemühen.
- Zweitens: Beachten Sie die formalen Kriterien. Dazu gehört die klare Benennung des Vertragspartners und der Zahlungsbedingungen. Bei der Anwendung von AGB ist der Kunde auf die Existenz der AGB eindeutig hinzuweisen, ansonsten ist ihr Gebrauch unzulässig.

4. Das Forderungsmanagement im eigenen Haus muss effizient organisiert werden

Klären Sie die Verantwortlichkeiten für das Forderungsmanagement und stellen Sie die Rechnungen korrekt. Rechnungen sind zeitnah zur Leistungserstellung zu legen, die Zahlungseingänge müssen regelmäßig geprüft werden. In den Rechnungen müssen Sie die erbrachten Leistungen und gelieferten Waren eindeutig benennen.

5. Forderungen sollten abgesichert werden

Zur Absicherung kommen in Frage:

Gesetzliche Sicherungsmittel wie zum Beispiel:

- das Vermieterpfandrecht (der Vermieter eines Raums hat für sämtliche Forderungen aus dem Mietverhältnis ein Pfandrecht an allen in der Wohnung befindlichen, pfändungstauglichen Sachen, die im Eigentum des Mieters stehen und frei von Rechten Dritter sind);
- das Werkunternehmerpfandrecht (zur Sicherung einer Forderung aus dem Werkvertrag hat der Unternehmer ein Pfandrecht an den von ihm hergestellten Sachen des Bestellers);
- die Bauhandwerkersicherungshypothek (zur Sicherung seiner Forderung erwirbt der Bauhandwerker einen Anspruch gegen den Bauherrn auf Einräumung einer Hypothek am Baugrundstück);
- das Zurückbehaltungsrecht (hat der Schuldner aus demselben Rechtsverhältnis, aus dem seine Verpflichtung zur Leistung erwächst, einen fälligen und einredefreien Gegenanspruch, so kann er die Gegenleistung bis zur Erfüllung der Leistung verweigern).

Außerdem lassen sich auch vertragliche Sicherungsmittel vereinbaren. Die gebräuchlichsten sind:

- der Eigentumsvorbehalt (der Verkäufer behält sich bis zur vollständigen Bezahlung das Eigentum an dem von ihm bereits übergebenen Kaufgegenstand vor);
- die Sicherungsübereignung (zur Absicherung der Forderung kann eine Eigentumsübertragung erfolgen. Die übereignete Sache wird nur bei Nichterfüllung verwertet);
- Grundpfandrechte (z.B. Hypothek und Grundschuld);
- die Sicherungsabtretung (kommt in Frage, wenn der Schuldner seinerseits eine offene Forderung hat. Diese kann dann zur Sicherung an den Gläubiger abgetreten werden).

Außerdem bestehen auch Möglichkeiten, eigene Forderungen abzutreten oder zu versichern. Hierzu bieten sich folgende Instrumente an:

Das Factoring

Beim Factoring werden die eigenen Forderungen an ein Factoring-Unternehmen abgetreten. Factoring macht den Zahlungseingang besser planbar, weil das Unternehmen einen hohen Teil der Forderungen (in der Regel 80 bis 90 Prozent) sofort ausgezahlt bekommt. Die Begleichung des Restbetrages erfolgt nach dem Zahlungseingang durch den Schuldner.

Jedoch muss beachtet werden, dass beim Factoring den Vorteilen für das Unternehmen die Kosten gegenübergestellt werden müssen, die beispielsweise durch die Gebühren für das Factoring entstehen. Auch findet das Factoring erst langsam im Mittelstand Verbreitung, weil die darauf spezialisierten Dienstleistungsunternehmen bisher eher auf große Forderungsbestände und damit nicht auf das Geschäft mit KMU abzielten. Die genauen Konditionen des Factoring sind Bestandteile des jeweiligen Factoring-Vertrages. Ein Vergleich einzelner Anbieter ist in jedem Fall empfehlenswert, da es erhebliche Unterschiede im Leistungsangebot gibt.

Je nach Ausgestaltung des Factoring-Vertrages können auch weite Teile des Forderungsmanagements an den Factoring-Anbieter ausgelagert werden. Dieses Angebot wird vor allem kleineren Unternehmen gemacht, die dadurch Kapazitäten für das eigene Forderungsmanagement einsparen können. Eine solche Auslagerung entbindet den Unternehmer allerdings nicht von seinen Verpflichtungen zur Risikovorsorge.

Die Warenkreditversicherung

Mit Hilfe von Kreditversicherungen kann sich ein Unternehmen gegen das Risiko absichern, dass der Kunde im Falle einer Zahlungsunfähigkeit seinen Verpflichtungen nicht mehr nachkommen kann. Die Warenkreditversicherung bietet dabei Schutz gegen Ausfälle, die aus Warenlieferungen oder Dienstleistungen entstehen. Die Liquiditätsbelastung wird überschaubarer, da an die Stelle des unkalkulierbaren Ausfallsrisikos nun die absehbare Belastung durch die Versicherungsprämie tritt. In der Regel ist aber bei Warenkreditversicherungen nicht die volle Forderungshöhe versichert, da der Versicherungsnehmer eine Selbstbeteiligung zu tragen hat.

Zur Wirksamkeit der beiden genannten Sicherungsinstrumente ist einschränkend anzumerken, dass es in Branchen mit hohem Ausfallrisiko schwierig sein dürfte, Factorer oder Versicherer zu tragbaren Konditionen zu finden, sodass diese Instrumente nur bedingt einsetzbar sind.

Langfristige Strategie statt kurzfristiger Reaktion

Das Forderungsmanagement ist nur ein Teil der Risikoprävention im Finanzbereich. Die Steuerung der Liquidität geht aber weit darüber hinaus. Hier müssen alle Bereiche des Unternehmens einbezogen werden. Oft sind in KMU nur Grundzüge einer solchen Steuerung vorhanden. Eine sorgfältig betriebene Finanzbuchhaltung reicht zur Früherkennung von Krisen alleine nicht aus. Denn deren Daten sind auch bei zeitnaher Erfassung stets vergangenheitsorientiert. Nur mit der Finanzbuchhaltung lassen sich strategische Krisen gar nicht und Ertragskrisen erst nach ihrem Eintreten feststellen.

Kurzfristige Lösungen helfen bei krisenhaften Entwicklungen im Unternehmen nicht weiter. Trotzdem ist die Versuchung groß, durch Schnellschüsse die ersten Anzeichen einer Krise im Unternehmen vermeintlich aus der Welt zu schaffen. Damit wird zwar das eigene Gewissen des Unternehmers entlastet, dem Unternehmen aber nicht geholfen. Deshalb gilt: Maßnahmen, mit denen lediglich die Bilanz geschönt wird, können die Krise langfristig nicht aufhalten.

Typische Maßnahmen, die in der Praxis immer wieder vorzufinden sind, können zum Beispiel sein:

- Kostenreduzierungen nicht dort, wo sie strategisch notwendig sind, sondern dort, wo sie am einfachsten auszuführen sind, z.B. ein einmaliger Verzicht auf bestimmte Ausgabenposten;
- Auflösung von Reserven, z.B. durch die Auflösung von Rückstellungen;
- Reduzierung der steuerrechtlich zulässigen Abschreibungen zur Erhöhung des Betriebsergebnisses;
- Neubewertung von Positionen, z.B. Höherbewertung von Lagerbeständen.

Bei allen Maßnahmen müssen Sie zudem berücksichtigen, dass wichtige Geschäftspartner wie beispielsweise Banken misstrauisch werden und dies als Reaktion auf erste Krisenanzeichen im Unternehmen werten und ihrerseits reagieren.

Vorsicht: Nicht jedes Controlling ist hilfreich

Es ist keineswegs so, dass in Unternehmen, die in Liquiditätsnot geraten sind, generell kein Frühwarnsystem existierte. In vielen Fällen war das Controlling aber unterentwickelt oder nur pro forma vorhanden. Wichtig ist aber, dass Controllinginstrumente sinnvoll eingesetzt, ausgewertet und regelmäßig weiterentwickelt werden.

Sind Controllinginstrumente vorhanden, sollten Sie darauf achten, dass Sie nicht folgende, immer wieder zu beobachtende Fehler begehen.

Fehler 1: Zu grobe Datenstruktur

Oftmals werden die Daten der Einfachheit halber zu größeren Einheiten zusammengefasst, sodass wichtige Entwicklungen nicht mehr erkennbar sind. Verlustbringer bleiben verborgen, weil sie mit positiven Ergebnissen bei anderen Projekten oder Produkten verrechnet werden.

Fehler 2: Die Zeitabschnitte der Beobachtung sind zu weit gefasst

So kann ein positives Jahresergebnis darüber hinwegtäuschen, dass sich zu bestimmten Phasen des Geschäftsjahres bereits negative Erlös- oder Kostenentwicklungen abzeichnen.

Fehler 3: Die verwendeten Daten sind nicht aktuell

In vielen Unternehmen sind die Daten des Controllings zu vergangenheitsorientiert. Controlling ist aber nur sinnvoll, wenn aktuelle Daten erhoben werden, damit das Frühwarnsystem des Unternehmens erhalten bleibt.

Fehler 4: Die verwendeten Planzahlen sind nicht plausibel

Wird eine Ertrags- und Liquiditätsplanung betrieben, so müssen die verwendeten Planzahlen auf realistischen Annahmen über den zukünftigen Geschäftsverlauf beruhen.

Die Standards zur Krisenprävention

Die folgenden strategischen Instrumente zur Früherkennung von Unternehmenskrisen sollten in Ihrem Unternehmen Pflicht sein:

1. Eine kurz- und mittelfristige Finanzplanung, insbesondere die Liquiditätsplanung,
2. Controlling einzelner großer Projekte,
3. Analyse von betriebswirtschaftlichen Kennzahlen anhand der Bilanzdaten,
4. Risikomanagementsysteme.

Kurz- und mittelfristige Finanzplanung

Die kurzfristige Finanzplanung sollte jeder Unternehmer regelmäßig zumindest für die Quartale des Geschäftsjahres durchführen, noch besser aber monatlich. Darüber hinaus sind mittelfristige Pläne für einen Zeitraum von mindestens drei Jahren aufzustellen.

Der Liquiditätsplan ist ein Frühwarnindikator für in Zukunft eventuell drohende Liquiditätslücken. Mit Hilfe des Liquiditätsplans verschafft sich der Unternehmer laufend einen Überblick über die zu erwartenden Eingänge und Ausgänge von Zahlungsmitteln und den daraus resultierenden Liquiditätsstatus.

Bei der Erstellung eines Liquiditätsplans sind folgende Regeln zu beachten:

- Gehen Sie bei der Erstellung des Liquiditätsplans von realistischen Größen aus.
- Achten Sie auf die Vollständigkeit der Daten.
- Machen Sie einen Alternativplan mit einem Worst-case-Szenario, bei dem Sie einen negativen Geschäftsverlauf, z.B. den Ausfall von Forderungen, mit einkalkulieren.
- Erarbeiten Sie Ihre Finanzpläne kontinuierlich. Auch bei knappem Zeitbudget muss die Liquiditätsvorschau konsequent durchgehalten werden.
- Bereiten Sie die Daten der Liquiditätsplanung so auf, dass die wesentlichen Ergebnisse auch wirklich sofort erkennbar sind.

Auf der folgenden Seite finden Sie beispielhaft ein Schema für einen Liquiditätsplan.

Beispielhaftes Schema zur Liquiditätsplanung für fünf Monate

	Januar	Februar	März	April	Mai
Vorhandene liquide Mittel:					
Liquide Mittel					
Kassenbestand					
Barguthaben					
Bankguthaben					
Saldo 1: Liquide Mittel					
Zahlungseingänge:					
Umsatzerlöse					
Darlehen					
Privateinzahlungen					
Sonstiges					
Saldo 2: Summe Zugänge					
Zahlungsabflüsse:					
Anlageinvestitionen					
Gehälter/Löhne/ Sozialabgaben					
Material/Waren					
Instandhaltungskosten					
Mieten für Räume					
Kfz-Kosten					
Verwaltung					
Einkommens- und Gewerbesteuer					
Vor-/Umsatzsteuer					
Versicherungen					
Zinsen					
Tilgungen					
Privatentnahmen					
Saldo 3: Summe Abflüsse					
Liquiditätsstatus					
Saldo 1+Saldo 2-Saldo 3					
Kapitalbedarf					
Finanzierung					
Eigenkapital					
Fremdkapital					

Zum Umgang mit den Liquiditätsplänen

Die Plandaten des abgelaufenen Monats müssen mit den Ist-Daten abgeglichen werden. Treten Abweichungen zu den Planzahlen auf, sind die Ursachen zu ermitteln. Die Ergebnisse dieser Analyse werden in die laufende Planung einbezogen, das heißt, die mittelfristigen Pläne müssen unter Umständen angepasst werden (Prinzip der revolvierenden Planung). Außerdem sind die mittelfristigen Pläne jeweils um einen Monat fortzuschreiben. Wichtig ist, dass bei langfristig planbaren Ein- und Auszahlungen stets die Fristenkongruenz der Liquiditätszuflüsse und -abflüsse gewahrt ist.

Ergibt sich aus der Liquiditätsplanung, dass dem Unternehmen ein vorübergehender oder längerfristiger Liquiditätsengpass droht, muss das Management des Unternehmens sofort handeln. Folgende Gegenmaßnahmen zeigen das Spektrum der Eingriffsmöglichkeiten. Bei kurzfristigen Liquiditätsproblemen beispielsweise durch:

- das Verschieben von nicht unmittelbar notwendigen Investitionen,
- die Beschleunigung des Forderungseingangs beispielsweise durch Forderungsabtretung,
- die kurzfristige Auflösung von Festgeldern,
- die Aufnahme kurzfristiger Kredite,
- die Reduzierung von Entnahmen,
- die Zuführung frischen Eigenkapitals,
- Miete oder Leasing als Alternative zum Kauf bei Neu- oder Ersatzinvestitionen.

Dabei ist zu beachten, dass solche Aktivitäten immer nur zeitverzögert wirken und auch zusätzliche Kosten produzieren. Bei längerfristigen, strukturellen Engpässen reichen solche Maßnahmen nicht aus, um das Schiff wieder flottzukriegen. Dann müssen Kosteneinsparungen im Beschaffungswesen, in der Produktion und beim Personal in Betracht gezogen und zusätzliche Einnahmequellen erschlossen werden.

Wichtig ist, dass die Auswertung dieser Daten in einem regelmäßigen und fest vereinbarten Rahmen im Unternehmen stattfindet. Basis für den Liquiditätsplan ist eine mittelfristige Ergebnisplanung, die Erträge und Aufwand als Grundlage für die Zahlungsmittelzuflüsse und -abflüsse prognostiziert.

Das Projektcontrolling

Eine solche Planung sollte auch zur Steuerung einzelner größerer Aufträge durchgeführt werden. Denn häufig geraten bei Großaufträgen die Kosten außer Kontrolle, ohne dass die Unternehmen direkt darauf reagieren. Die Folge: Die aus dem Auftrag erwarteten und eingeplanten Erlöse werden erheblich geschmälert, dies kann sogar zu einem negativen Ergebnis führen. Neben der fehlenden Projektüberwachung trägt auch eine mangelhafte Kommunikation dazu bei. Wenn der Chef nicht erfährt, was auf den Baustellen schief läuft, kann er auch nicht eingreifen.

Analyse von betriebswirtschaftlichen Kennzahlen anhand der Bilanzdaten

Zur Beurteilung der finanziellen Lage im Unternehmen können auch betriebswirtschaftliche Kennzahlen erhoben werden. Einige klassische Kennzahlen, die jeder KMU-Chef kennen sollte:

Eigenkapitalquote:

$$\frac{\text{Eigenkapital x 100}}{\text{Bilanzsumme}}$$

Die Eigenkapitalquote sollte 30 Prozent, mindestens aber 20 Prozent betragen.

Brutto-Cashflow:
Brutto-Cashflow = Jahresüberschuss + Abschreibungen (– Zuschreibungen) + Erhöhung langfristiger Rückstellungen (– Verminderung)

Netto-Cashflow:
Netto-Cashflow = Brutto-Cashflow – Entnahmen – Gewinnsteuern

Der Cashflow gibt Auskunft über die gegenwärtige und zukünftige Ertragskraft des Unternehmens. Ziel sollte es sein, Ersatzinvestitionen und Steuerverpflichtungen aus dem Cashflow zu finanzieren. Langfristig muss der Cashflow auch zu Wachstumsinvestitionen beitragen können. Ergeben sich im Verhältnis zum Umsatz oder zur Bilanzsumme geringe Werte (z.B. weniger als sechs Prozent), deutet das auf eine angespannte Liquiditätslage hin. Kennzeichnend für Unternehmenskrisen ist ein sinkender Cashflow bei steigenden Verbindlichkeiten.

Dynamischer Verschuldungsgrad:

$$\frac{\text{Fremdkapital x 100}}{\text{Cashflow}}$$

Diese Kennzahl gibt an, in wie vielen Jahren die Verbindlichkeiten durch den Cashflow zurückgezahlt werden können. Der Wert sollte weniger als sieben Jahre betragen.

Eigenkapitalrentabilität:

$$\frac{\text{Gewinn x 100}}{\text{Eigenkapital}}$$

Die Eigenkapitalrentabilität sollte größer als die Rendite vergleichbarer Anlagen am Markt sein.

Liquiditätsgrade:

1. Grades:

$$\frac{\text{Zahlungsmittel x 100}}{\text{Kurzfristiges Fremdkapital}}$$

Die Quote sollte mindestens zwischen 10 und 20 Prozent betragen.

2. Grades:

$$\frac{\text{Zahlungsmittel + kurzfristige Forderungen x 100}}{\text{Kurzfristiges Fremdkapital}}$$

Hier wird eine Quote von 50 Prozent als absolute Untergrenze für eine gesunde Liquidität angesehen.

Integrierte Risikomanagementsysteme

Die bisher aufgezeigten Möglichkeiten der Risikovorsorge dürfen nicht isoliert betrachtet werden. Langfristiges Ziel eines Unternehmens sollte es sein, ein ganzheitliches, integriertes Risikomanagement einzuführen, das alle Aspekte der Krisenprophylaxe berücksichtigt.

Wie ein integriertes Risikomanagementsystem für ein Unternehmen aussehen könnte, hängt stark von der Branche und der Größe des Unternehmens ab. Generell sind zur Einführung eines professionellen Risikomanagements im Betrieb fünf Schritte erforderlich.

1. Schritt

Erfassen Sie zunächst alle möglichen Risikofelder in Ihrem Unternehmen. Dazu gehören die Risiken, die dem Unternehmen durch externe, nur bedingt beeinflussbare Entwicklungen an den Absatz-, Beschaffungs- oder Finanzmärkten drohen oder sich durch Änderungen im Unternehmensumfeld ergeben (z.B. werden durch Änderungen in der Gesetzgebung, beispielsweise verschärfte Umweltgesetze, erhebliche Investitionen im Produktionsbereich erzwungen). Außerdem müssen Sie alle internen Risiken im Unternehmen erfassen.

2. Schritt

Ordnen Sie diesen Risiken eine Eintrittswahrscheinlichkeit zu.

3. Schritt

Gewichten Sie den Gefährdungsgrad der einzelnen Risiken, indem Sie ihre Auswirkungen auf die Liquidität und die Wettbewerbsfähigkeit des Unternehmens bewerten. Unterscheiden Sie zwischen akzeptablen, das heißt beherrschbaren, und existenzgefährdenden Risiken.

4. Schritt

Beurteilen Sie die vorhandenen Absicherungsmaßnahmen, beispielsweise wie Ihr Unternehmen gegen Forderungsausfälle oder Währungsrisiken geschützt ist.

5. Schritt

Überprüfen Sie regelmäßig, ob Ihr Risikomanagementsystem den aktuellen Anforderungen noch genügt.

Beispielhafter Aufbau eines Risikomanagementsystems

Risikofelder	Mögliche Risiken	Eintrittswahrscheinlichkeit			Risikopotenzial		
		Groß	Mittel	Gering	Hoch	Mittel	Gering
Finanzen							
• Externe Risiken	z.B.						
	Forderungsausfälle	☐	☐	☐	☐	☐	☐
	Zinserhöhungen	☐	☐	☐	☐	☐	☐
	Wechselkursrisiko	☐	☐	☐	☐	☐	☐
	Steuerbelastung	☐	☐	☐	☐	☐	☐
	Kapitaldienst	☐	☐	☐	☐	☐	☐
• Interne Risiken	Defizite im Controlling	☐	☐	☐	☐	☐	☐
	Defizite im Rechnungswesen	☐	☐	☐	☐	☐	☐
Beschaffung	z.B.						
	Sinkende Qualität	☐	☐	☐	☐	☐	☐
	Steigende Preise	☐	☐	☐	☐	☐	☐
	Lieferantenausfall	☐	☐	☐	☐	☐	☐
	Knappheit bei wichtigen Rohstoffen	☐	☐	☐	☐	☐	☐
Produktion	z.B.						
	Veraltete Produktionsanlage	☐	☐	☐	☐	☐	☐
	Leerlaufzeiten	☐	☐	☐	☐	☐	☐
	Betriebsstillstand	☐	☐	☐	☐	☐	☐
	Produkthaftung	☐	☐	☐	☐	☐	☐
Absatz	z.B.						
	Verlust von wichtigen Schlüsselkunden	☐	☐	☐	☐	☐	☐
	Preisdruck durch neue Wettbewerber	☐	☐	☐	☐	☐	☐
	Schlechte Servicequalität	☐	☐	☐	☐	☐	☐

Risikofelder	Mögliche Risiken	Eintrittswahrscheinlichkeit			Risikopotenzial		
		Groß	Mittel	Gering	Hoch	Mittel	Gering
Personal	z.B.						
	Fachpersonalmangel	☐	☐	☐	☐	☐	☐
	Verlust von Führungskräften	☐	☐	☐	☐	☐	☐
Management	z.B.						
	Fehlende Qualifikation	☐	☐	☐	☐	☐	☐
	Ungelöste Nachfolge	☐	☐	☐	☐	☐	☐
Sonstiges	z.B.						
	Gesetzesänderungen	☐	☐	☐	☐	☐	☐
	Politische Einflüsse (z.B. Entscheidungen über EU-Erweiterung beeinflussen Unternehmen in Grenzregionen)	☐	☐	☐	☐	☐	☐

Krisenmanagement in der Praxis: Die Zahlen im Griff

Das Problem

Ein kleineres Unternehmen der Metallbauindustrie mit zwanzig Mitarbeitern macht einen guten Teil seines Umsatzes mit öffentlichen Aufträgen. Die Finanznot der öffentlichen Hand lässt das Auftragsvolumen sinken. Der Unternehmer analysiert daraufhin die Gesamtlage der Branche und die Auswirkungen auf sein Unternehmen. Ergebnis: Die Margen sind seit Jahren rückläufig, einige kleinere Wettbewerber in der Region sind bereits von der Insolvenz bedroht.

Die Gegenstrategie

Künftig soll die Sicherung der Liquidität noch stärker in den Mittelpunkt der Unternehmensplanung rücken. Dies ist deshalb so bedeutsam, da von dem Unternehmen auch langfristige Verbindlichkeiten zu bedienen sind und bei einigen Aufträgen ein hoher Vorfinanzierungsbedarf besteht.

Die Maßnahmen

Der Unternehmer holt sich einen erfahrenen Controller als Berater ins Unternehmen. Dessen Analyse ergibt: Das Controlling im Unternehmen ist im Laufe der Jahre zwar mit der Unternehmensentwicklung gewachsen, für die augenblickliche Lage liefert es aber nur unzureichende Datenbestände. Insbesondere negative Kostenentwicklungen bei laufenden Auftragsabwicklungen werden nicht erfasst. Die Projekte werden erst nach Abschluss ausgewertet. Außerdem wird anhand eines mittelfristigen Liquiditätsplans ermittelt, welche Gefahren aus dem Kapitaldienst drohen. Der Unternehmer gewinnt zum ersten Mal einen Überblick über die mittelbare Zukunft seines Unternehmens. Als Erstes wird daher ein Controllingsystem auf das Unternehmen zugeschnitten, das die laufende Auftragsabwicklung integriert. In der zweiten Phase wird dann ein Konzept entwickelt, auf welchen Märkten die nachlassende Nachfrage des öffentlichen Sektors ausgeglichen werden kann.

Das Ergebnis

Durch eine Analyse des Projektcontrollings wird die Auftragsbearbeitung effizienter organisiert. Somit können Kosten reduziert werden. Das Unternehmen gewinnt mehr Sicherheit für die mittelfristig anstehenden Aufgaben.

Checkliste Controlling

Erfolgsfaktor Controlling – optimal genutzt?

Prüfen Sie folgende Fragen in Ihrem Unternehmen:

	Ja	Nein
Sind in Ihrem Unternehmen folgende wesentliche Instrumente des Controllings installiert?		
Rechnungswesen	☐	☐
Forderungsmanagement	☐	☐
Liquiditätsmanagement	☐	☐
Ertragsplanung	☐	☐
Investitionsplanung	☐	☐
Projektcontrolling	☐	☐
Werden die kurz- und mittelfristigen Liquiditätspläne regelmäßig analysiert und angepasst?	☐	☐
Werden alle Daten so aufbereitet, dass Gefahren für die Liquidität jederzeit erkennbar sind?	☐	☐
Werden auch Worst-case-Szenarios und mögliche Gegenstrategien durchdacht?	☐	☐
Werden betriebswirtschaftliche Kennzahlen erhoben und ausgewertet?	☐	☐
Werden alle Möglichkeiten zur Eigenkapitalzufuhr genutzt?	☐	☐

Erfolgsfaktor Personal

KMU investieren viel Zeit und Geld in die Entwicklung innovativer Produkte. Die systematische Personalentwicklung kommt dagegen in den Betrieben oft zu kurz.

Fehler im Personalmanagement sind nicht unbedingt sofort erkennbar. Die Langzeitfolgen sind jedoch fatal. Eine über Jahre vernachlässigte Mitarbeiterführung und Mitarbeiterqualifizierung fällt gerade in Krisenzeiten auf das Unternehmen zurück. Denn in unruhigem Fahrwasser kann das Personal schnell zum letzten Rettungsanker werden. Dazu sind Einsatzbereitschaft, Motivation und Identifikation der Arbeitnehmer mit dem eigenen Unternehmen nötig.

Die Mitarbeiter sind deshalb bei der Prävention und der Bewältigung von Unternehmenskrisen eine nicht zu unterschätzende Ressource.

Fehlt es an einer überzeugenden Personalstrategie, bleiben diese Erfolgspotenziale im Unternehmen ungenutzt.

Das Betriebsklima als Warnsignal

Eine Krise schlägt sich nicht nur in den Bilanzen nieder. In gefährdeten Unternehmen geht auch die Stimmung in der Belegschaft oft gegen den Nullpunkt. Und das nicht erst im Endstadium einer Krise, wenn die Arbeitsplätze gefährdet sind.

Sie sollten deshalb hellhörig werden,

- wenn es im Unternehmen zu einer sehr hohen Fluktuation kommt.

Gerade wenn Know-how-Träger keine persönlichen Entwicklungsmöglichkeiten mehr sehen, dürfte die Unternehmenskrise schon weiter vorangeschritten sein. Eine hohe Fluktuationsrate wirkt sich nicht nur auf die Effizienz und Leistungsfähigkeit im Unternehmen aus, sondern sorgt auch für zusätzliche Kosten, die mit jedem Mitarbeiterwechsel durch Akquise und Einarbeitung des neuen Personals verbunden sind. Außerdem sind neue Mitarbeiter dann oft nur mit überzogenen Gehaltszusagen zu gewinnen. Ein Umstand, der die Situation im Unternehmen noch zusätzlich verschärft.

- wenn sich Mitarbeiter häufig krankmelden.

Ein hoher Krankenstand lässt ebenfalls Rückschlüsse auf das Betriebsklima, die Arbeitsbedingungen sowie auf fehlende Motivation der Mitarbeiter zu. Analysieren und beseitigen Sie die Ursachen der Fehlzeiten so schnell wie möglich.

- wenn nicht ausreichend miteinander geredet wird.

Prüfen Sie, ob die Kommunikation im Unternehmen funktioniert: Wenn nicht, zeigen sich Mitarbeiter zunehmend schlechter über die Unternehmensziele und die betrieblichen Abläufe informiert. Stattdessen brodelt im Unternehmen die Gerüchteküche. Kommunikation muss in beide Richtungen funktionieren, sowohl von der Leitung zu den Mitarbeitern als auch umgekehrt. Achten Sie zudem darauf, ob die Koordination zwischen einzelnen Unternehmenseinheiten intakt ist oder ob es dort zu Reibungsverlusten kommt.

Die drei Säulen des Personalmanagements

Die Ursache solcher Defizite ist fast immer gleich: Das Personalmanagement, sofern es überhaupt stattfindet, wird nicht konsequent und systematisch betrieben. Oft findet in Unternehmen, die durch eine falsche Personalpolitik in eine Notlage geraten, nur eine quantitative Planung statt. Die in Zukunft benötigten Mitarbeiterzahlen werden vorausberechnet, eine qualitative Planung aber unterbleibt ebenso wie die Entwicklung vorhandener Potenziale.

Im schlimmsten Fall wird Personalpolitik überhaupt nur kurzfristig betrieben, um auf Personalüberkapazitäten oder Personalmangel zu reagieren. Dies ist in allen Branchen zu beobachten. So haben beispielsweise Studien über junge Unternehmen in der New Economy ergeben, dass in der Hälfte der Betriebe, die in eine Krise geraten waren, kein professionelles Personalmanagement stattfand.

Systematisches Personalmanagement bedeutet hingegen, dass eine Strategie für die folgenden Bereiche entwickelt und umgesetzt werden muss, um die Mitarbeiterpotenziale auszuschöpfen:

- Mitarbeiterauswahl,
- Mitarbeiterqualifizierung,
- Mitarbeiterführung.

Systematisches Personalmanagement muss zudem langfristig ausgerichtet sein. Das heißt, Sie sollten als Unternehmer wissen, welche Anforderungen der Wettbewerb in einem Zeitraum von fünf bis zehn Jahren an Ihr Unternehmen und damit an den Personalbedarf und die zukünftig benötigten Qualifikationen stellen wird.

Allerdings liegt gerade darin in vielen krisengeschüttelten Unternehmen das Dilemma: Denn wer keine klare Unternehmensstrategie verfolgt, kann nur schwerlich strategisches Personalmanagement betreiben.

Die richtige Mitarbeiterauswahl

Fachkräftemangel ist in vielen Branchen inzwischen zu einem zentralen Wachstumshindernis geworden. Der Glaube, jederzeit Personallücken füllen zu können, ist eine Illusion.

Aber auch wenn es um die konkrete Auswahl neuer Mitarbeiter geht, sind viele KMU-Chefs überfordert. Sie sind sich nicht im Klaren darüber, was die neuen Mitarbeiter eigentlich genau leisten sollen. So kommt es zu typischen Fehlern bei der Auswahl von Mitarbeitern:

- Für eine zu besetzende Stelle existiert kein Stellenprofil.

Zwar herrscht eine vage Vorstellung davon, welche Arbeitsbereiche der neue Mitarbeiter abdecken soll, doch eine schriftliche Arbeitsplatzbeschreibung (ein Stellenprofil) fehlt. Die Stelle ist nicht in die Unternehmenshierarchie eingegliedert, die Kompetenzen sind nicht geklärt. In der Folge kommt es zu Kompetenzüberschneidungen. Das Betriebsklima leidet. Der neue Mitarbeiter fühlt sich zu Unrecht kritisiert. Weil er keine festen Vorgaben für seinen Arbeitsbereich hat, kann er die notwendigen Aufgaben nur zu einem Teil erledigen. Seine Arbeitsergebnisse bleiben unbefriedigend.

- Für die Auswahl des neuen Mitarbeiters wird kein adäquates Qualifikationsprofil erstellt.

Wer eine Stelle nicht exakt definiert, kann auch kein Anforderungsprofil für die Auswahl des neuen Mitarbeiters ausarbeiten. Bewerbungsgespräche können nicht zielgerichtet geführt werden. Stattdessen spielen dann oft persönliche Motive bei der Auswahl eine Rolle. Die Bewerbungsunterlagen werden falsch ausgewertet. Lücken im Lebenslauf, fehlende Qualifikationsnachweise oder die Motivation zum Arbeitsplatzwechsel werden nicht hinterfragt. Stattdessen neigen Unternehmer ohne Personalstrategie dazu, aus dem Bauch heraus einzelne Qualifikationen überzubewerten.

- Neue Mitarbeiter werden nicht integriert.

Auch wenn der passende Mitarbeiter gefunden wurde, ist der Prozess der Mitarbeiterauswahl noch nicht endgültig abgeschlossen. Der neue Mitarbeiter muss auch in das Unternehmen eingeführt werden. Wird er nicht mit seinen Aufgaben und Kompetenzen vertraut gemacht, sind Missverständnisse und unbefriedigende Arbeitsergebnisse programmiert. Ebenso wichtig ist natürlich die menschliche Einbindung in den Kollegenkreis. Werden diese Aufgaben von der Unternehmensleitung nicht erfüllt, steht der neue Mitarbeiter schnell auf verlorenem Posten. Die Folge: Er resigniert und verlässt das Unternehmen wieder, wenn sich ihm eine geeignete Möglichkeit bietet.

So beugen Sie Fehlern bei der Personalauswahl vor

Planen Sie Ihren Personalbedarf quantitativ (Zahl der in den nächsten Jahren zu besetzenden Stellen) sowie qualitativ (benötigtes Know-how) und überprüfen Sie die Planungen regelmäßig. Auf dieser Basis sollten Sie entscheiden, ob der Bedarf innerbetrieblich durch Umstrukturierung oder Weiterbildung zu decken ist oder ob Neueinstellungen nötig sind. Natürlich kann auch ein umgekehrtes Ergebnis aus der Bedarfsplanung resultieren, nämlich dass ein quantitativer Personalüberhang besteht.

Definieren Sie das Profil der zu besetzenden Arbeitsstellen. Zu einem solchen Profil gehören:

- Stellenbezeichnung,
- Kurzbeschreibung des Aufgabengebietes,
- Eingliederung in die Hierarchie, das heißt Nennung des Vorgesetzten, Weisungsgebundenheit, Anzahl der dem neuen Mitarbeiter unterstellten Mitarbeiter, Weisungsbefugnisse,
- Beschreibung der Tätigkeiten, die vom Stelleninhaber selbständig und eigenverantwortlich durchzuführen sind,
- Zielvorgaben.

Entwickeln Sie für freie Stellen ein schriftliches Anforderungsprofil, das bei der Auswahl des Bewerbers eingesetzt wird. Darin ist festzulegen:

- welche Ausbildungs- und Berufsstationen vom Bewerber erwartet werden,
- welches Fachwissen benötigt wird,
- welche geistigen und sozialen Anforderungen gestellt werden. Diese können sein: Kreativität, analytisches Denken, Selbständigkeit, Kontaktfähigkeit, Durchsetzungsvermögen, Teamfähigkeit.

Nutzen Sie möglichst viele Quellen zur Personalakquise, zum Beispiel Arbeitsvermittlung, externe Personalberatungen, Inserate in Zeitungen und Fachmagazinen, Internet, Kontakte zu Universitäten und Fachhochschulen (Unternehmenspraktika, Vergabe von Diplomarbeitsthemen).

Bei der konkreten Auswahl des Kandidaten sollten Sie an die eingereichten Bewerbungsunterlagen wie folgt vorgehen:

- *Schritt 1:* Schaffen Sie sich ein Schema zur Auswertung von Bewertungsunterlagen.

- *Schritt 2:* Führen Sie dann einen systematischen Abgleich von Anforderungs- und Bewerberprofil durch. Unstimmigkeiten sind im Bewerbungsgespräch abzuklären.
- *Schritt 3:* Laden Sie die geeigneten Kandidaten zum Vorstellungsgespräch ein.
- *Schritt 4:* Erstellen Sie für das Bewerbungsgespräch einen Interviewleitfaden, um das Gespräch besser steuern zu können.
- *Schritt 5:* Nehmen Sie sich Zeit für den Auswahlprozess, insbesondere für die Bewerbungsgespräche. Diese sollten, gerade wenn es um qualifiziertes Fachpersonal geht, nicht zwischen Tür und Angel geführt werden.
- *Schritt 6:* Erstellen Sie einen Beurteilungsbogen zur Auswertung der Gespräche, damit die Auswahl objektiv erfolgen kann und nicht allein das subjektive Gefühl dominiert.

Mitarbeiter gezielt weiterbilden

Ebenso wichtig wie die gezielte Mitarbeiterauswahl ist die Personalentwicklung. Denn auch innerhalb der bereits vorhandenen Belegschaft des Unternehmens schlummert oft verborgenes Erfolgspotenzial. Gerade bei Fachkräftemangel ist die permanente Entwicklung des eigenen Personals von wachsender Bedeutung.

Auch hier kommt es darauf an, dass Weiterbildung systematisch an den zukünftigen Bedürfnissen des Betriebes ausgerichtet und planmäßig durchgeführt wird. Dazu gehört auch eine Laufbahnplanung für wichtige Mitarbeiter, um diese an das Unternehmen zu binden.

Mitarbeiter motivieren

Mitarbeiterführung ist ein wesentlicher Bestandteil der Unternehmenskultur. Zu diesem Komplex des Personalmanagements gehören: die Motivation der Mitarbeiter, das Konfliktmanagement im Unternehmen und die Sicherung der internen Kommunikationsflüsse.

Bei der Mitarbeitermotivation geht es in erster Linie nicht um zusätzliche Leistungsanreize durch Incentives oder finanzielle Boni. Vielmehr sollte der Unternehmer ein schlechtes Betriebsklima oder hohe Fehlzeiten zum Anlass nehmen, demotivierende Strukturen im Unternehmen aufzuspüren und zu beseitigen. Denn demotivierte Mitarbeiter können weder eine Krise vermeiden, noch sind sie beim Turn-around-Management eine große Hilfe.

Motivationshindernisse können im Unternehmen unterschiedliche Gründe haben:

- Mitarbeiter werden nicht ernst genommen,
- Mitarbeiter besitzen keine Handlungsfreiräume,
- Aufgaben und Verantwortung werden nicht in ausreichendem Maße delegiert,
- Konflikte im Unternehmen lähmen die Motivation,
- die Kommunikation im Unternehmen ist gestört. So bleiben wichtige Informationen für die Unternehmensleitung verborgen, sei es über die Zufriedenheit der Kunden, das Image des Unternehmens in der Öffentlichkeit oder steigende Ausschussquoten im Unternehmen.

In einer solchen Situation sollte sich die Unternehmensleitung mit den wichtigsten Meinungsführern im Unternehmen zusammensetzen, die Ursachen für die mangelnde Motivation analysieren und einen Maßnahmenplan zur Beseitigung solcher Hindernisse erstellen. Motivationssteigernde Elemente können zusätzlich dazu beitragen, dass wichtige Mitarbeiter längerfristig an das Unternehmen gebunden werden. Einige Beispiele:

- Angemessene und nachvollziehbare Gehälter mit erfolgs- und leistungsabhängigen Bestandteilen.
- Ein transparentes und kalkulierbares System zur Personalentwicklung. Nur so können die Mitarbeiter auch Zukunftsperspektiven für sich selbst entwickeln.
- Flexible Lösungen in der Arbeitszeit, eventuell auch beim Arbeitsort, schaffen zusätzliche Gestaltungsspielräume für die Arbeitnehmer.

Ein oft verdrängtes Thema: Personalabbau

Wenn sich die Ertragslage verschlechtert, kommt man am Thema Personalabbau nicht vorbei. Vielen Chefs, gerade in kleinen Unternehmen mit persönlichem Kontakt zu den Mitarbeitern, fällt es schwer, diesen Schritt zu gehen. Zumal es schwierig ist, das Personal adäquat zu ersetzen, wenn der Turn-around gelingt. Als einziges Instrument der Krisenprävention sollte der Personalabbau auf keinen Fall gesehen werden.

Soweit möglich, sollten Sie in der Frühphase einer Krise noch Alternativmaßnahmen zu einer Stellenreduzierung in Betracht ziehen, zum Beispiel:

- Arbeitszeitgestaltungsmodelle,
- Auslaufen befristeter Verträge,
- Umsetzungen innerhalb des Unternehmens,
- Vorruhestandsregelungen,
- Umwandlung von Vollzeit- in Teilzeitarbeitsplätze,
- Kurzarbeit.

Dennoch kann in einigen Fällen auch der Personalabbau unumgänglich sein. Dabei ist zu beachten, dass die Arbeitsprozesse angepasst werden. Ansonsten sind die verbleibenden Mitarbeiter schnell überfordert. Auch müssen die rechtlichen Rahmenbedingungen für betriebsbedingte Kündigungen oder Aufhebungsverträge beachtet werden.

Krisenmanagement in der Praxis: Sicherheit geht vor

Das Problem

Ein junges Unternehmen der Softwarebranche kann im Vergleich zu Großunternehmen nur geringere Löhne zahlen. Bisherige zusätzliche Anreize wie Aktienoptionen haben nach Kursverlusten an der Börse für die Mitarbeiter an Attraktivität verloren. Die Fluktuation in der Branche ist hoch.

Die Gegenstrategie

Das im Unternehmen bewährte Team von Entwicklern soll unbedingt gehalten werden. Der Firmeninhaber entwickelt deshalb ein Konzept, die führenden Know-how-Träger stärker in das Unternehmen einzubinden.

Die Maßnahmen

Das Unternehmen bietet den wichtigsten Mitarbeitern eine feste Laufbahnplanung mit konkreter Gehaltsentwicklung an. Das Gehaltssystem enthält stark leistungsbezogene Vergütungsbestandteile, um die Mitarbeiter zusätzlich zu motivieren. Die Mitarbeiter werden zudem in wichtige Entscheidungsprozesse über die künftige Unternehmensstrategie eingebunden. Außerdem bietet das Unternehmen langfristig die Möglichkeit an, sich innerhalb der Unternehmensgruppe selbständig zu machen.

Das Ergebnis

Dem Unternehmen gelingt es, die Mitarbeiter langfristig zu binden. Die Gefahr, dass sich einige Softwarespezialisten aus den eigenen Reihen selbständig machen und somit zur gefährlichen Konkurrenz werden, kann so ebenfalls gebannt werden.

Checkliste Personal

Erfolgsfaktor Personal – optimal genutzt?

Prüfen Sie folgende Fragen in Ihrem Unternehmen:

	Ja	Nein
• Ist eine Personalbedarfsplanung vorhanden?	☐	☐
• Reichen die Qualifikationen der Mitarbeiter für zukünftig anstehende Aufgaben?	☐	☐
• Ist das Unternehmen attraktiv für Neueinstellungen?	☐	☐
• Herrscht ein angespanntes Betriebsklima?	☐	☐
• Haben Führungskräfte das Unternehmen verlassen oder planen dies in absehbarer Zeit?	☐	☐
• Wenn ja, liegen die Gründe dafür im Betrieb?	☐	☐
• Werden Aufgaben genügend delegiert?	☐	☐
• Haben die Know-how-Träger des Unternehmens eine ausreichende berufliche Perspektive innerhalb des Unternehmens?	☐	☐

• Bekommen Sie genügend Informationen von Mitarbeitern, die regelmäßig mit den Kunden Kontakt haben?	☐	☐
• Haben Krankenstand und Fehlzeiten über einen längeren Zeitraum zugenommen?	☐	☐
• Gibt es Abstimmungsprobleme zwischen einzelnen Unternehmensteilen?	☐	☐
• Haben die Personalkosten im Verhältnis zu Umsatz- und Ertragsgrößen zugenommen?	☐	☐

Erfolgsfaktor Marketing

Viele Unternehmer stammen aus dem naturwissenschaftlich-technischen Bereich. Sie sind Meister ihres Faches und verstehen sich bestens auf die Qualitäten ihres Produkts. Bei aller unternehmerischen Konzentration auf die technologische Reife ihrer Erzeugnisse kommen die Bedürfnisse des Marktes aber oft zu kurz. Im schlimmsten Fall wird gar mit hohem Kostenaufwand für das technische Finetuning des Produkts dennoch am Markt vorbeiproduziert. Eine Tatsache, die in vielen Unternehmen mit Liquiditätsschwierigkeiten immer wieder zu beobachten ist: Beobachtung und Analyse des Marktes und Orientierung des Produktprogramms am Kunden sind ein Fremdwort.

Die richtige Strategie für den Markt

Unternehmenskrisen beginnen am Markt. Die Marktbearbeitung darf deshalb nicht dem Zufall überlassen werden, sondern muss kontinuierlich und geplant durchgeführt werden. Natürlich schützt auch eine ausgefeilte Marketingstrategie nicht endgültig vor eventuellen Marktrisiken. Ohne Marketingstrategie ist aber der Niedergang des Unternehmens programmiert.

Als Unternehmer sollten Sie deshalb auf folgende Fragen eine eindeutige Antwort geben können:

1. *Wer ist meine Zielgruppe?*

Unternehmen in Insolvenznöten haben oft nur eine verschwommene Vorstellung von ihrem Kundenkreis. Gerade bei Unternehmen, die nicht mit standardisierten Produkten handeln, kann eine solche Vernachlässigung des Marktes schwer wiegende Folgen haben. Besonders Dienstleister müssen ihr Angebot gezielt auf den für sie relevanten Markt ausrichten.

2. Was sind die wichtigsten Kennzahlen meiner Branche?

Um die Lage des eigenen Unternehmens richtig einschätzen zu können, sollten Sie sich regelmäßig mit der Entwicklung Ihrer Branche insgesamt und insbesondere in Ihrer Region beziehungsweise in Ihrem Absatzgebiet auseinander setzen. So können drohende negative Entwicklungen der Branchenkonjunktur in die eigene Krisenvorsorge einfließen. Außerdem geben die Kennzahlen der Branche, auch wenn es sich nur um Durchschnittswerte handelt, Aufschluss über die Wettbewerbsfähigkeit des eigenen Unternehmens.

Die wichtigsten Daten, die Sie über Ihren Markt wissen sollten, liefern folgende Fragen:

- Wie groß ist der Markt und welche Potenziale hat er?
- Wächst oder stagniert der Markt?
- Welche Renditen sind in der Branche zu erzielen?
- Unterscheiden sich die Kennzahlen in jenen Segmenten des Marktes, die für das eigene Unternehmen relevant sind, wesentlich von den Daten der Gesamtbranche?

Außerdem sollten Sie wichtige Kennziffern kennen wie beispielsweise die Arbeitsproduktivität oder die Umsätze pro Mitarbeiter.

3. Wer sind die Wettbewerber?

Leider ist immer wieder festzustellen: Viele Unternehmer beschäftigen sich nur unzureichend mit ihren Wettbewerbern und deren Strategien. Eine Stärken- und Schwächenanalyse der Konkurrenzprodukte findet nicht statt. Die Folge: Die Unternehmer werden vom Auftritt neuer Mitbewerber oder von deren Erfolgen mit Produktinnovationen überrascht. Nutzen Sie deshalb die Chancen, die sich zum Beispiel auf Messen, durch Firmenpräsentationen im Internet oder in Unternehmenspublikationen bieten, um sich über Konkurrenzangebote zu informieren.

Eine eingehende Analyse der drei genannten Fragen ist unabdingbar für die Vorbereitung der eigenen Marketinganstrengungen.

Marketing – auch für KMU unerlässlich

Wie das Controlling wird auch das Marketing von vielen kleineren Unternehmen nicht als strategische Aufgabe erkannt. Sie verstehen unter dem Begriff Marketing eher die aufwändigen Werbestrategien von großen Markenartiklern. Selbst verlassen sie sich dagegen oft auf die einfache Formel: „Ich kenne meinen Markt und meine Kunden". Leider entpuppt sich gerade dies häufig als Trugschluss. Man verlässt sich auf einmal gewonnene Erkenntnisse, ohne die Veränderungen des Kundenverhaltens und des Unternehmensumfeldes zu registrieren.

Auch Handwerker, kleinere Dienstleistungsunternehmen oder Einzelhändler sollten deshalb eine Strategie für ihren Zielmarkt entwickeln, die die klassischen Marketinginstrumente Produktgestaltung, Preispolitik, Kommunikation und Distribution umfasst und auf ihre Bedürfnisse und Möglichkeiten zugeschnitten ist.

Neue Wege im Marketing gehen

Wenn das Unternehmen am Markt die Erwartungen nicht erfüllt, sind neue Marketingideen gefragt. Das Versagen am Markt kann vielerlei Ursachen haben, und ebenso zahlreich sind die Möglichkeiten, die sich dem Unternehmen zur Reaktion bieten.

Gerade kleinere Unternehmen neigen aber dazu, ausschließlich auf einmal am Markt eingeführte Produkte zu setzen. Ähnliches gilt für ihre Kommunikation. Beispiel: Eine einmal gestaltete Anzeige wird immer wieder in einer Fachzeitung geschaltet, ohne dass überprüft wird, ob die Zielgruppe damit zu erreichen ist und sich die Werbeausgaben überhaupt rentieren.

Es folgen einige Fragen, mit denen die eigene Position am Markt abgeklopft werden kann. Prüfen Sie, ob Sie wirklich alle Ihre Potenziale der Marktbearbeitung ausgeschöpft haben:

- Prüfen Sie, ob Ihre Produkte die Wünsche Ihrer Kunden optimal abdecken.

Viele Unternehmen bieten Produkte und Dienstleistungen an, die optimal auf die eigenen Produktionsbedingungen und die Qualitäten der Mitarbeiter abgestimmt sind. Sie passen aber oft nicht zu den Ansprüchen der Kunden. Für die Kunden bedeutet das, dass sie sich laufend am Markt nach passenden Angeboten umschauen müssen. Die Chance, den Kunden durch eine Optimierung des eigenen Produkts langfristig zu binden, wird versäumt. Oft verweisen die Unternehmen darauf, dass die eingeführten Standardprodukte wesentliche Deckungsbeiträge erzielen und deshalb unantastbar sind. Bei genauerer Betrachtung zeigt sich dann, dass die Standardprodukte längst nicht so zum eigenen Erfolg des Unternehmens beitragen, wie vom Management angenommen. Unter Umständen bringen sie sogar Verluste ein. Prüfen Sie Ihr Produktprogramm, gehen Sie zur Not auf Änderungswünsche Ihrer Kunden ein. Eventuell eröffnen sich dadurch auch neue Geschäftsfelder.

- Prüfen Sie, ob Sie attraktive zusätzliche Serviceleistungen anbieten können.

Überlegen Sie, wie Sie sich von Ihren Mitbewerbern abheben können. Beispielsweise: Ein Mitarbeiter eines Fachgeschäfts für Küchen und Bäder besucht regelmäßig seine Kunden zu Hause und wartet die verkauften Produkte. Dadurch stärkt das Fachgeschäft seinen Ruf in der Region als kundenfreundlicher Anbieter und erfährt zugleich vom Nachrüstungs- und Erneuerungsbedarf bei seinen Kunden. Auf diese Weise bindet er seine Kunden langfristig und gewinnt durch die Mundpropaganda zufriedener Kunden neue hinzu.

- Prüfen Sie, ob Ihr Unternehmen wirklich kundenfreundlich ist.

Der erste Eindruck ist oft entscheidend. Lange Wartezeiten bei telefonischen Anfragen, nicht eingehaltene Termine, die unfreundliche Bedienung von Kundenwünschen – es gibt viele Möglichkeiten, Kunden zu vergraulen. Überprüfen Sie regelmäßig, wie es in Ihrem Unternehmen um die Servicefreundlichkeit bestellt ist. Schulen Sie Ihre Mitarbeiter in der Technik von Verkaufsgesprächen und in der Bearbeitung von Reklamationen und sorgen Sie dafür, dass dem Kunden unangemessene Wartezeiten in Ihrem Unternehmen erspart bleiben.

- Prüfen Sie, ob Sie optimal werben.

Veraltete Prospekte oder Anzeigen, die sich in keiner Form von den Wettbewerbern abheben, verpuffen in den meisten Fällen wirkungslos. Sie dienen mehr zur Beruhigung des eigenen Gewissens, auch im Werbebereich tätig zu sein. Überlegen Sie bei der Ansprache des Kunden, wie Sie Ihre Angebote attraktiv darstellen können. Beispielsweise: Ein Fassadensanierer filmt das Haus eines potenziellen Kunden und erarbeitet am Computer optische Lösungen für eine mögliche Fassadengestaltung, die den Kunden von einer höheren Investition überzeugen sollen.

- Prüfen Sie, ob sich Chancen auf neuen Märkten anbieten.

Überlegen Sie, ob Sie bei Schwierigkeiten im heimischen Markt nicht auch auf überregionale Märkte, etwa im europäischen Ausland, ausweichen können.

Controlling: wichtig auch im Absatz

Der Markt liefert immer die ersten Anzeichen, wenn dem Unternehmen Schwierigkeiten drohen. Es ist daher auch im Absatzbereich ein Controllingsystem zu installieren.

Die wichtigsten Bestandteile eines solchen Systems sind:

- Die Beobachtung der gesamtwirtschaftliche Entwicklung anhand von:
  - Konjunkturprognosen,
  - Branchenprognosen,
  - Kaufkraftentwicklung am relevanten Markt,
  - Veränderungen im Verbraucherverhalten,
  - technologische Veränderungen mit Rückwirkungen auf Ihre Produkte.
- Die Beobachtung der eigenen Absatzentwicklung anhand von:
  - Umsatzentwicklung einzelner Produkte,
  - Umsatzentwicklung in Relation zu den Herstellungskosten,
  - Umsatzentwicklung in Relation zu den Vertriebskosten,
  - Umsatzentwicklung in Relation zu den Kommunikationskosten,
  - Umsatzentwicklung in Relation zu den Wettbewerbern und zur Gesamtbranche.
- Die Entwicklung der Deckungsbeiträge einzelner Produkte.

- Die Effizienz des eigenen Vertriebes anhand von:
  - Umsätzen pro Vertriebsweg,
  - Umsätzen pro Vertriebsmitarbeiter,
  - Kostenentwicklung im Vertrieb.

Ein weiteres wichtiges Frühwarnsignal ist die Kundenzufriedenheit, messbar etwa in der Zunahme der Kundenbeschwerden. Scheuen Sie auch vor einer Kundenbefragung nicht zurück. Oft verlassen sich Unternehmer nur auf ihre eigenen Eindrücke von der Kundenzufriedenheit. Eine unabhängige Kundenbefragung kann diese subjektiven Eindrücke unter Umständen relativieren und neue Erkenntnisse liefern.

Krisenmanagement in der Praxis: Die Zielgruppe im Visier

Das Problem

Der Besitzer eines kleinen, aber traditionsreichen Hotels in den neuen Bundesländern hat mit rückgängigen Übernachtungszahlen zu kämpfen. Die Region ist touristisch noch nicht erschlossen und besonders in den alten Bundesländern nur wenig bekannt. Für den Kapitaldienst, den er für die Modernisierung seines Hauses zu leisten hat, reicht die gegenwärtige Bettenauslastung nicht aus.

Die Gegenstrategie

Um die Übernachtungszahlen signifikant zu steigern, sollen potenzielle Hotelgäste gezielter angesprochen werden.

Die Maßnahmen

Zunächst definiert der Unternehmer seine Zielgruppe. Welche Reisenden kommen überhaupt in Frage? Welche durchschnittlichen Übernachtungszeiträume sind für diese Zielgruppe typisch? Wo liegen deren Interessen? In welcher Preisklasse müssen die Übernachtungspreise liegen? Auf der Basis dieser Untersuchungen erarbeitet er eine neue Kommunikationsstrategie. Bisher schaltete das Hotel Anzeigen und versandte Prospekte, die vor allem die Leistungen des Hauses hervorhoben. Dies zeigte wenig Resonanz, da ein spezieller Anreiz zu Reisen in die Region fehlte. Der Unternehmer legte deshalb einen neuen Werbeschwerpunkt. Da zahlreiche interessante historische Kulturstätten in rund einer Fahrtstunde Entfernung zu erreichen waren, stellte er diesen Aspekt nun in den Mittelpunkt seiner Werbemittel. Zugleich änderte er seine Angebote. In Zusammenarbeit mit einem lokalen Busunternehmen konzipierte er spezielle Reiseangebote zu den touristischen Highlights in der Region.

Das Ergebnis

Das Angebot stieß vor allem bei Reisenden aus den alten Bundesländern auf größeres Interesse. Auch die Zahl der Ein-Tages-Gäste stieg, die die zentrale Lage des Hotels auf der Durchreise nutzten. Als einer der wenigen Hoteliers der Region konnte der Unternehmer gegen den Trend bei den Übernachtungszahlen zulegen. Dies überzeugte auch seine Hausbank, mit der er sich auf ein Konzept zur Liquiditätssicherung einigen konnte.

Checkliste Marketing

Erfolgsfaktor Marketing – optimal genutzt?

Prüfen Sie in Ihrem Unternehmen folgende Fragen:

	Ja	Nein
Erwirtschaften meine Produkte ausreichende Deckungsbeiträge?	☐	☐
Produkt 1	☐	☐
Produkt 2	☐	☐
Produkt 3	☐	☐
Muss eventuell eine neue Preisstrategie gefahren werden?	☐	☐
Entsprechen meine Produkte oder Dienstleistungen den Bedürfnissen der Zielgruppe?	☐	☐
Lässt sich das Produkt durch bestimmte Zusatzleistungen, z.B. Service oder Garantien, attraktiver gestalten?	☐	☐
Muss das Produktprogramm neu konzipiert werden?	☐	☐

	Ja	Nein
Ist der Einsatz der Kommunikationsmittel effizient?	☐	☐
Sind die Werbemittel ausreichend auf die Zielgruppen ausgerichtet?	☐	☐
Ist die Nutzung neuer Werbeformen sinnvoll?	☐	☐
Arbeitet der Vertrieb effizient?	☐	☐
Wird der Vertrieb in das Controlling mit einbezogen?	☐	☐
Werden die eigenen Absatzdaten regelmäßig mit wichtigen Branchendaten abgeglichen?	☐	☐

III

Risiken bei der Existenzgründung

- Den Standort sorgfältig auswählen
- Vorsicht bei der Rechtsformwahl
- Finanzierungsfehler beim Start vermeiden

Risiken bei der Existenzgründung

Viele Unternehmen stehen bereits in den ersten Jahren nach der Gründung vor dem Aus. Und auch noch Jahre später resultieren Managementfehler oft zwangsläufig aus strukturellen Defiziten, die unmittelbar aus der Gründungsphase eines Unternehmens herrühren. Sie führen über kurz oder lang in eine Strategiekrise. Die Insolvenzen sind auf eine unzureichende Vorbereitung des Gründungsvorhabens, eine mangelhafte Kapitalausstattung und auf fehlendes kaufmännisches Wissen zur Bewältigung der Startphase zurückzuführen.

Zu den häufigsten Gründungsfehlern gehören:

1. Fehler bei der Standortwahl.
2. Fehler bei der Rechtsformwahl.
3. Fehler bei der Finanzierung.

Den Standort sorgfältig auswählen

Die Bedeutung des Unternehmensstandorts ist abhängig vom Geschäftsgegenstand. Ein Internet-Dienstleister muss auf den physischen Standort weniger Augenmerk legen als ein Einzelhändler oder ein Handwerksbetrieb. Für einen Gründer in der Biotech-Branche beispielsweise kann die Nähe zu Forschungseinrichtungen bedeutsam sein. Spin-offs aus Großunternehmen siedeln sich häufig in regionaler Nähe zum ehemaligen Arbeitgeber an.

Trotzdem gilt für alle Formen der Unternehmensgründung: Auf eine umfassende Standortanalyse vor dem Start darf nicht verzichtet werden. Dies gilt schon allein deshalb, weil die Erschließung einer Betriebsstätte mit erheblichen Investitionen verbunden ist. Ein häufiger Betriebsstättenwechsel sollte deshalb schon aus Kostengründen unterbleiben.

Bei der Auswahl des Standorts sollten die Unternehmensgründer folgende Kriterien heranziehen:

Die räumliche Nähe zum Kunden

Dies ist insbesondere wichtig, wenn es sich beim Kunden um den Endverbraucher oder Dienstleistungskunden handelt.

Die Kosten des Standorts

Hierbei können bei alternativen Standorten die Kosten für die konkrete Betriebsstätte, also beispielsweise Gewerberaummieten, Grundstückspachten, notwendige Umbau- und Modernisierungskosten verglichen werden.

Daneben ist jeder Standort auch noch mit kommunalen Abgaben belastet, die mit eingeplant werden müssen.

Subventionierung des Standorts

Den Kosten gegenübergestellt werden müssen eventuelle Zuschüsse für die Ansiedlung an einem Standort. Fördermittel von Bund, Ländern und Gemeinden können zum Beispiel eine Unternehmensgründung in einem strukturschwachen Gebiet sinnvoll erscheinen lassen.

Zugang zum Arbeitsmarkt

In Branchen mit Fachkräftemangel kann die Personalfrage zu einem Wachstumshindernis werden. Junge Unternehmen mit niedrigerem Lohngefüge können einen attraktiven Standort als zusätzliches Argument im Kampf um das rare Personal einbringen.

Zugang zu wichtigen Netzwerken

Neben hoch spezialisierten Arbeitskräften benötigen manche Unternehmen auch Kooperationsmöglichkeiten (beispielsweise in Forschung und Entwicklung oder im Vertrieb). Solche Möglichkeiten können in einem Technologie- und Gründerzentrum bestehen. Allerdings sollte hier vorab eine Recherche über die Mieterstruktur und die Serviceleistungen solcher Zentren stattfinden, da die Qualitäten der angebotenen Netzwerke oft sehr unterschiedlich sind.

Logistik

Eine günstige Verkehrsanbindung des Standorts ist bei einem hohen Transportaufwand, aber auch bei einer starken Ausrichtung auf den Endverbraucher von Bedeutung.

Bedenken Sie bei der Auswahl eines Standorts auch, dass bei einem Wachstum des Unternehmens vernünftige Erweiterungsmöglichkeiten vorhanden sein sollten, seien es Arbeitsplätze für zusätzliche Mitarbeiter oder größere Lagerkapazitäten. Aus den genannten Kriterien lässt sich ein Anforderungsprofil für einen geeigneten Standort erstellen. Listen Sie die wichtigsten dieser Kriterien in einer Checkliste auf. Beurteilen Sie anschließend die Qualität des Standorts und gewichten Sie das jeweilige Kriterium in seiner Bedeutung für das Unternehmen.

Wichtige Informationen zur Beurteilung der einzelnen Alternativen lassen sich vorab sammeln

- durch eine Besichtigung des Standorts, bei der eine Kundenzählung oder eine Messung der Verkehrsströme durchgeführt werden kann (sinnvoll, wenn es sich um ein Unternehmen mit direktem Absatz an den Endverbraucher handelt);
- durch Gespräche mit bereits ansässigen Unternehmern, z.B. anderen Mietern eines Gewerbeparks oder eines Technologiezentrums;
- anhand von Studien für einzelne Standorte, wie sie beispielsweise von den regionalen Kammern durchgeführt werden.

Bei aller Objektivität der Entscheidung sollten natürlich auch private Interessen nicht völlig außer Acht gelassen werden. Diese dürfen aber die Entscheidung nicht dominieren. In der Realität sieht es oft anders aus: Eine Studie der European Business School unter Existenzgründern kam zu dem Ergebnis, dass nur knapp zwölf Prozent der Existenzgründer eine Standortanalyse durchführen. Nur weitere zwölf Prozent zogen unterschiedliche Standorte in verschiedenen Städten in die engere Auswahl.

Vorsicht bei der Rechtsformwahl

Die Rechtsform ist mehr als nur eine Formsache. Sie bestimmt die steuerliche Belastung des Unternehmens, sie beschränkt unter Umständen den finanziellen Spielraum und sie regelt die Haftung des Unternehmers. Außerdem sind die rechtlichen Rahmenbedingungen für einzelne Unternehmensformen höchst unterschiedlich.

Wer in der Gründungsphase aus Unwissenheit die falsche Rechtsform wählt, kann dadurch später in erhebliche Schwierigkeiten geraten.

In der Praxis richten viele Existenzgründer ihre Rechtsformwahl fast ausschließlich an der Haftungsfrage aus. Verständlich, denn schließlich wollen viele Gründer bei einem Scheitern nicht mit ihrem gesamten privaten Vermögen haften.

Die Haftungsbestimmungen dürfen aber nicht zum einzigen Entscheidungskriterium werden. Die Rechtsform definiert nämlich auch den gesetzlichen Rahmen für zahlreiche andere Entscheidungsbereiche im Unternehmen.

Die Rechtsform gibt Antworten auf die Fragen:

- Wer hat die Entscheidungsbefugnis im Unternehmen, wer darf es nach außen vertreten?
- Was passiert, wenn einer der Existenzgründer aus dem Gründerteam ausscheiden will?
- Wie vertrauenswürdig ist die Rechtsform aus der Sicht von Kreditgebern?
- Wie sind die Entnahmerechte geregelt?
- Wie sind die Gründer an Verlusten und Gewinnen beteiligt?
- Welche Bilanzierungs- und Publikationsvorschriften gelten?

Die möglichen Rechtsformen

Der Einzelunternehmer

Der Start als Einzelunternehmer ist relativ unproblematisch, da kaum Formalitäten anfallen. Auch ein Mindestkapital ist nicht erforderlich. Das Einzelunternehmen ist daher immer noch die gebräuchlichste Rechtsform in Deutschland.

Das Einzelunternehmen ist aber auch mit erheblichen Risiken behaftet, da der Einzelunternehmer mit seinem gesamten Vermögen haftet. Das Insolvenzrisiko ist daher vor der Gründung umso eingehender zu prüfen. Da es kein Mindestkapital gibt, sind auch die Kreditgeber dem Einzelunternehmer gegenüber besonders kritisch.

Die Gesellschaft bürgerlichen Rechts

Für ein Team aus mindestens zwei Gründern ist dies die einfachste Gründungsform. Die GbR, auch BGB-Gesellschaft genannt, zeichnet sich ebenfalls durch geringe Formalitäten und große Gestaltungsmöglichkeiten hinsichtlich der Verantwortungsbereiche der einzelnen Gründer aus. Auch wenn ein Gesellschaftsvertrag nicht zwingend notwendig ist, sollten die Partner ihr Zusammenwirken dennoch auf eine solide Rechtsgrundlage stellen. Zum Beispiel mithilfe eines Vertrages, der die Beschreibung des Geschäftsgegenstandes, die Höhe der Gesellschaftereinlagen, die Vergütungsregelungen, die Möglichkeiten der Kündigung oder die Aufnahme neuer Gesellschafter regelt. Die GbR-Gesellschafter haften gesamtschuldnerisch, unabhängig von der internen Verteilung der Haftung.

Kommanditgesellschaft

Die Kommanditgesellschaft (KG) ist eine Sonderform der Offenen Handelsgesellschaft (OHG), bei der im Gegensatz zur OHG nicht alle Partner gleichberechtigt sind. Kommanditisten und Komplementäre tragen in einer KG in unterschiedlicher Form Chancen und Risiken. Der Komplementär muss auch als Privatperson das Haftungsrisiko schultern, hat dafür aber die alleinige Entscheidungsbefugnis in wirtschaftlichen Fragen. Die Kommanditisten haften dagegen nur in Höhe ihrer Gesellschafteranteile.

Gesellschaft mit beschränkter Haftung (GmbH)

Die GmbH schwebt den meisten Gründern als Rechtsform vor, weil die Haftungsverpflichtungen auf die Einlagen der Gründer-Gesellschafter beschränkt sind. In der Praxis werden diese Haftungsbeschränkungen allerdings leicht ausgehebelt, wenn etwa bei der Fremdkapitalaufnahme persönliche Sicherheiten wie Bürgschaften verlangt werden. Rechtsformen mit Haftungsbeschränkungen schützen nicht generell vor dem Risiko. Mit der GmbH als Kapitalgesellschaft ist ein erheblich höherer formaler Gründungsaufwand als bei den vorgenannten Personengesellschaften verbunden, so zum Beispiel bei den Gründungs-, Bilanzierungs- und Buchhaltungsvorschriften. Auch die Offenlegungspflichten für die GmbH wurden in den letzten Jahren verschärft. Zudem kann der Geschäftsführer einer GmbH in vielen Fällen auch persönlich haftbar gemacht werden, beispielsweise wenn er nicht rechtzeitig einen Antrag auf Insolvenz stellt.

Finanzierungsfehler beim Start vermeiden

Um das Risiko eines schnellen Scheiterns zu minimieren, müssen alle Chancen und Gefahren des Gründungsvorhabens vorab bis ins Detail durchdacht werden. Die Finanzierungsplanung sollte im Geschäftsplan des Gründers deshalb neben der Marketingplanung einen besonderen Stellenwert einnehmen.

In jedem Fall sind vor der Gründung ein Finanz- und ein Kapitalbedarfsplan aufzustellen. Die Finanzplanung sollte zumindest die ersten drei Jahre nach der Gründung umfassen. Dieser Drei-Jahres-Plan sollte einen Investitionsplan, eine Liquiditätsvorschau und eine Rentabilitätsvorschau enthalten. Der Kapitalbedarfsplan muss den ermittelten Kapitalbedarf und die Quellen der Deckung belegen. Für die Finanzierung des Unternehmensstarts sollte der Gründer alle am Markt zur Verfügung stehenden Kapitalquellen in Betracht ziehen. Neben seinen Eigenmitteln, dem klassischen Bankkredit und Venture-Capital kann der Gründer vor allem auf günstige Fördermittel von Bund und Ländern zurückgreifen. Speziell auf den Kapitalbedarf von jungen Unternehmern sind die Gründerförderprogramme der KfW Mittelstandsbank ausgerichtet:

Das Mikro-Darlehen

Das Mikro-Darlehen ist ein Förderprodukt für Kleinstgründungen mit einem unbürokratischen Antrags- und Entscheidungsverfahren. Bis zu 25.000 Euro können Gründer von der KfW Mittelstandsbank als Darlehen erhalten. Das Programm richtet sich speziell an klassische Kleinstgründungen beispielsweise aus der Arbeitslosigkeit heraus. Damit lässt sich nahezu der gesamte Finanzierungsbedarf solcher Gründungsvorhaben aus einem Fördertopf abdecken. Da die KfW Mittelstandsbank eine 80-prozentige Haftungsfreistellung gewährt, muss der Gründer zudem nur geringe Sicherheiten vorweisen können.

StartGeld

Dieses Förderprogramm ist speziell für gewerbliche oder freiberufliche Gründungsvorhaben mit kleinerem Investitionsvolumen konzipiert worden. Diese Gründer haben es bei der Fremdkapitalaufnahme oft besonders schwer. Maximal 50.000 Euro bei einer Laufzeit von zehn Jahren kann der Gründer aus diesem Fördertopf erhalten. Die jeweils aktuellen Zinsen des StartGelds können unter www.kfw-mittelstandsbank.de abgerufen werden.

Unternehmerkapital

Beim Unternehmerkapital handelt es sich um ein Nachrangdarlehen, das den Gründern den Zufluss eigenkapitalähnlicher Mittel ermöglicht. Mehr dazu lesen Sie auf Seite 30ff.

Tipp: Ausführliche Tipps für den Start in die Selbständigkeit finden Sie auch im KfW-Ratgeber: Existenzgründung – Zwölf Meilensteine auf dem Weg zum erfolgreichen Unternehmensstart.

IV

Risiken bei der Nachfolge

- Nachfolger dringend gesucht
- Wenn der Chef nicht loslassen kann
- Der Weg zur Nachfolge
- Die Alternativen der Nachfolge

Risiken bei der Nachfolge

Nachfolger dringend gesucht

Seit Jahren prophezeien Wirtschaftsforscher insbesondere den inhabergeführten Familienunternehmen des deutschen Mittelstandes Probleme bei der Suche nach einem geeigneten Nachfolger. Betroffen sind davon Unternehmen in West und Ost gleichermaßen. In den alten Bundesländern geht eine ganze Generation von Unternehmensgründern aus den Aufbaujahren der Republik in den Ruhestand. In den neuen Bundesländern stehen dagegen die spät berufenen Unternehmerpersönlichkeiten der Wendezeit vor einer ähnlichen Herausforderung. Viele von ihnen haben zu Beginn der neunziger Jahre ihre Betriebe durch ein Management-Buy-out vor dem Aus gerettet und erreichen jetzt das Pensionsalter.

Die klassische Nachfolgelösung durch Übergabe des Betriebes an einen Junior oder eine Juniorin aus der eigenen Familie verliert dabei zunehmend an Bedeutung. Denn für den Unternehmernachwuchs ergibt sich heute eine Vielzahl beruflicher Alternativen. Eine Übernahme des elterlichen Betriebes wird daher in jedem Fall intensiver geprüft als noch in früheren Zeiten. Die Kinder der ostdeutschen Gründer sind zumeist ohnehin beruflich längst anderweitig gebunden. Die daraus entstehende Nachfolgeproblematik zieht sich durch alle Branchen.

Viele Unternehmer scheuen eine Auseinandersetzung mit dieser Thematik. Dabei ist die vorsorgliche Planung der Nachfolge nicht nur ein Thema, wenn das Pensionsalter näher rückt. Auch Krankheit, Berufsunfähigkeit oder gar ein Sterbefall können ein bis dahin gut funktionierendes Unternehmen über Nacht führungslos werden lassen.

Folgende Zahlen verdeutlichen die Dimensionen des Nachfolgeproblems: Laut einer Studie des Instituts für Mittelstandsforschung stehen in Deutschland jährlich rund 71.000 mittelständische Unternehmen zur Übernahme an. Rund 5.900 davon müssen mangels Nachfolger für immer ihre Betriebspforten schließen. Je kleiner die Unternehmen, desto größer die Not bei der Suche nach einem Übernehmer, besonders im Handel und im Handwerk.

So kann es passieren, dass ein Unternehmer zu seiner aktiven Zeit alle Krisen meistert, aber durch eine schlecht vorbereitete Nachfolge den Fortbestand des Betriebes nach seinem Ausscheiden riskiert. Nur 67 Prozent der Unternehmen schaffen überhaupt den Sprung in die zweite Generation. Und nur 32 Prozent werden auch noch in der dritten Generation fortgeführt. Je stärker das Unternehmen auf die Person des Inhabers konzentriert ist, desto größer ist die Gefahr, dass es nach seinem Ausscheiden ins Schlingern gerät.

Wenn der Chef nicht loslassen kann

Viele Übergabeprobleme sind psychologisch bedingt. Nicht für jeden Unternehmer ist es einfach, sein Lebenswerk in andere Hände zu übergeben. Auch wenn es in ihrem Berufsleben zuvor nicht an Weitsicht gemangelt hat, schieben viele Unternehmer in diesem Fall die Planungen gern vor sich her.

Beschäftigen Sie sich deshalb frühzeitig mit der Nachfolgesuche. Experten schätzen, dass sich die Planungen über einen Zeitraum von fünf Jahren erstrecken können. Und: Die Nachfolge ist keine Frage, die im stillen Kämmerlein gelöst werden sollte. Zwei Faktoren sind bei der Planung deshalb wichtig.

Erstens: Das Umfeld – dazu gehören die Familie ebenso wie die Mitarbeiter und die Geschäftspartner – sollte in die Planung einbezogen werden. Sonst kommen schnell Zweifel an der Zukunftsfähigkeit des Unternehmens auf.

Zweitens: Kein Unternehmer hat in der Regel ausreichende Erfahrung in allen Facetten des Übergabeprozesses. Deshalb ist externer Rat in jedem Fall hilfreich, um gerade die komplizierten Fragen der Finanzierung, Steuerbelastung und der Vertragsgestaltung in den Griff zu bekommen. Ziehen Sie deshalb frühzeitig auch externen Rat hinzu.

Diese Fehler sollten Sie grundsätzlich vermeiden:

- Beharren Sie nicht frühzeitig auf einer bestimmten Lösung.
  Nicht immer ist der Junior auch wirklich der geeignete Nachfolger, nur weil dies von Anfang an so vorgesehen war.

- Lassen Sie Emotionen außen vor.
  Bei der Wahl des Nachfolgers sollten betriebswirtschaftliche Aspekte vor persönlichen Sympathien stehen.

- Sehen Sie die Übergabe nicht nur aus Ihrer Perspektive.
  Wenn Sie sich auch mit den Interessen des Nachfolgers auseinander setzen, werden die Verhandlungen einfacher verlaufen.

- Reduzieren Sie das Nachfolgeproblem nicht auf einzelne Aspekte.
  Wer nur die eigene Altersvorsorge oder steuerrechtliche Erwägungen im Auge hat, handelt nicht unbedingt im Interesse des Unternehmens. Wichtig ist auch, dass eine Altersvorsorge unabhängig vom Betrieb und dessen Verkauf oder Verpachtung existiert.

- Vermeiden Sie, dass das Unternehmen an Konkurrenzfähigkeit einbüßt.
  Ausscheidende Geschäftsführer neigen dazu, notwendige langfristige Investitionen nicht mehr zu tätigen. Auf die Attraktivität des Unternehmens für den Nachfolger hat dies sicher keinen positiven Einfluss.

- Weisen Sie den Nachfolger/die Nachfolgerin ausreichend ein und machen Sie ihn/sie mit den Führungsstrukturen Ihres Unternehmens vertraut.
  Stammt er aus den eigenen Reihen, kann er bereits schrittweise in die Verantwortung genommen werden. Ansonsten droht dem Unternehmen schnell eine Führungskrise. Außerdem ist natürlich zu gewährleisten, dass der Nachfolger die rechtlichen Voraussetzungen für eine Unternehmensübernahme erfüllt.

Auch der Nachfolger selbst kann den Erfolg der Nachfolge gefährden. Insbesondere ein zu schneller und abrupter Strategiewechsel nach der Übernahme oder die Einführung eines neuen Personalmanagements kann sowohl die Mitarbeiter als auch den Kundenstamm des Unternehmens nachhaltig verunsichern.

Mit welchen Starthindernissen der neue Chef zu rechnen hat, zeigt folgende Grafik, die die Erfahrungen von Nachfolgeberatern aus ihrer Beratungspraxis zeigt.

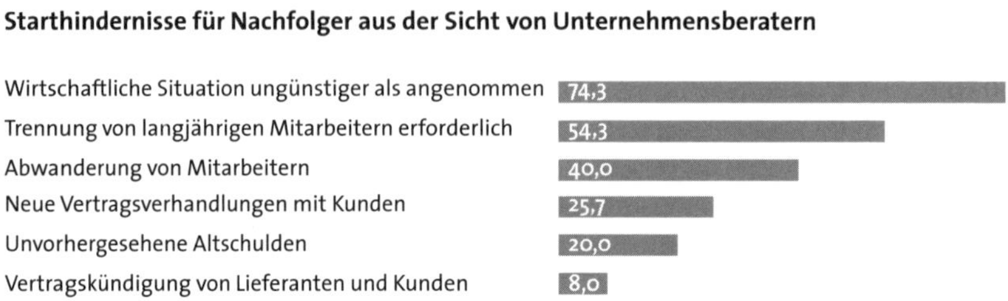

Abbildung 5: Starthindernisse für Nachfolger aus der Sicht von Unternehmensberatern
Quelle: Institut für Mittelstandsforschung, Bonn, 2000; Angaben in Prozent, Mehrfachnennungen möglich

Der Weg zur Nachfolge

Die Nachfolge sollten Sie in folgenden Schritten vollziehen:

1. Schritt:

Starten sie frühzeitig mit den Nachfolgeplanungen, wenn Sie sich über das Datum Ihres Ausscheidens aus dem Unternehmen im Klaren sind.

2. Schritt:

Legen Sie die Ziele und die Prioritäten der Übergabe fest. An den Zielen orientiert sich die Suche nach der besten Nachfolgelösung. Mögliche Ziele sind: Sicherung der Altersvorsorge, Fortbestand des Unternehmens, Erhalt der Arbeitsplätze, Erzielung eines angemessenen Kaufpreises, eine geringe Steuerbelastung. Nicht alle diese Ziele sind konform mit dem Erhalt des Unternehmens; die mögliche Lösung kann daher nur ein Kompromiss sein.

3. Schritt:

Sammeln Sie Informationen zum Thema Nachfolge und informieren Sie sich ebenso über Beratungsmöglichkeiten.

4. Schritt:

Erstellen Sie anhand Ihres Zielkatalogs ein Anforderungsprofil für den Nachfolger, egal, ob es sich dabei um eine einzelne Person, eine Gruppe oder ein anderes Unternehmen handelt. Das Anforderungsprofil muss sowohl die gewünschten persönlichen Qualitäten als auch die fachlichen Kenntnisse definieren. Ersteres bezieht sich auf die Unternehmerpersönlichkeit des Nachfolgers oder der Nachfolger (Kriterien wie Belastbarkeit, soziale Kompetenz, Führungsqualitäten und Durchsetzungsvermögen). Bei den fachlichen Komponenten ist darauf zu achten, dass neben technischen Kenntnissen auch ausreichendes kaufmännisches Wissen vorhanden ist.

5. Schritt:

Erstellen Sie eine detaillierte Analyse der Stärken und Schwächen des Unternehmens.

6. Schritt:

Wählen Sie einen Nachfolger aus.

7. Schritt:

Legen Sie gemeinsam eine schriftlich fixierte Nachfolgestrategie und einen Zeitfahrplan mit den einzelnen Schritten zur Übergabe fest.

8. Schritt:

Klären Sie dabei, ob die Übergabe in einem Schritt erfolgt oder ob der Übergeber für eine Übergangszeit noch im Unternehmen verbleiben soll.

9. Schritt:

Bedenken Sie bei Ihren Kaufpreisforderungen, dass die Konkurrenzfähigkeit des Unternehmens gewahrt bleiben muss.

10. Schritt:

Informieren Sie Betroffene rechtzeitig. Dazu gehören die Mitarbeiter, Kunden und Lieferanten, die Hausbank ebenso wie die eigene Familie.

In allen genannten Phasen des Übergabeprozesses kann und sollte externe, fachkompetente Beratung ins Boot geholt werden. So wird Expertenwissen gebündelt und eine drohende „Betriebsblindheit" vermieden. In Frage kommen zum Beispiel: die Nachfolgeexperten der Industrie- und Handelskammern oder der Handwerkskammern, Rechtsanwälte, Wirtschaftsprüfer, Steuerberater und Unternehmensberater.

Welchen Berater Sie auch hinzuziehen, Sie sollten unbedingt darauf achten, dass sich dieser eingehend mit dem vorliegenden Fall beschäftigt und ein individuelles Nachfolgekonzept erstellt. Standardkonzepte für eine vermeintlich gelungene Unternehmensübergabe gibt es viele – wer sich darauf einlässt, legt schon den Grundstein für das Scheitern der Nachfolgeregelung. Es reicht also nicht aus, wenn der Berater nur eine steuergünstige Lösung errechnet oder generell widerspruchslos Ihrer Übernahmestrategie folgt.

Die Frage nach der Sicherung des Unternehmens stellt sich nicht nur, wenn der Unternehmer in den Ruhestand tritt. Auch der unangenehme Gedanke an Krankheit, Unfall und Tod darf nicht verdrängt werden. Denn in der Realität sind es gerade diese Dinge, die ein Unternehmen in die Krise stürzen können. Plötzlich ist der Chef nicht mehr einsatzfähig, und eine Lösung für die Unternehmensführung ist nicht vorbereitet.

Deshalb sollten Sie als umsichtiger Unternehmenslenker auch im Sinne Ihrer Familie für diese Notfälle Vorkehrungen treffen. Dazu gehört auch die vorsorgliche Abfassung eines Testaments. Geschieht dies nicht, treten alle direkten Angehörigen das Erbe an. Die gemeinschaftliche Verwaltung des Nachlasses führt dazu, dass zum Beispiel Entscheidungen über das Vermögen nur einstimmig getroffen werden dürfen. Dies kann das Unternehmen lähmen und hat in der Praxis auch gesunde und etablierte mittelständische Unternehmen in wirtschaftliche Not gebracht.

Sinnvoll kann die Einsetzung eines Beirats sein, der in solchen Notfällen aktiv wird und die testamentarische Abwicklung übernimmt. Einem solchen Beirat können beispielsweise der Steuerberater, der Rechtsanwalt, ein Unternehmensberater, gegebenenfalls auch ein Vertreter der Hausbank, angehören.

Die Alternativen der Nachfolge

Die gängigsten Wege der Unternehmensnachfolge sind:

1. die Familiennachfolge,
2. das Management-Buy-out,
3. der Verkauf, das Management-Buy-in,
4. andere Möglichkeiten der Nachfolge.

Wenn kein Nachfolger aus den eigenen Reihen gefunden werden kann, bieten KfW Mittelstandsbank und die Industrie- und Handelskammern sowie die Handwerkskammern eine gemeinsame Nachfolgebörse im Internet an, um die Kandidatensuche zu erleichtern. Über das Verfahren lesen Sie mehr in Kapitel 5: Erste Hilfe im Krisenfall.

Die Familiennachfolge

Die Übergabe des Unternehmens an den eigenen Sohn oder die eigene Tochter ist eine besonders komplizierte Form der Nachfolge, denn die Erwartungen des Unternehmers an seinen eigenen Nachwuchs sind naturgemäß höher als an einen familienfremden Übernehmer.

Auch für den eigenen Nachwuchs gilt: Prüfen Sie Ihren Nachfolger auf dessen betriebswirtschaftliche Eignung. Nicht immer ist der Junior zum Kaufmann geeignet. Sinnvoll ist in jedem Falle eine systematisch geplante Ausbildung, die auch Berufserfahrung außerhalb des eigenen Betriebs einschließt. Die Verantwortungsübernahme kann mit einer schrittweisen finanziellen und gesellschaftsrechtlichen Beteiligung des Juniors unterstützt werden. Dazu muss eine geeignete Rechtsform vorliegen. Unter Umständen ist dazu die Umwandlung in eine Kapitalgesellschaft notwendig.

Die Familiennachfolge ist auch deshalb besonders planungsintensiv, weil hier zusätzlich zu den Fragen des Steuerrechts die spezifischen Anforderungen des Erbrechts zu beachten sind. Wegen der Komplexität dieser Regelungen sollten Sie einen auf die Nachfolge spezialisierten Unternehmensberater, einen Steuerberater oder Anwalt hinzuziehen. Ansonsten drohen gerade bei der vorweggenommenen Erbfolge Konflikte, weil beispielsweise die anderen Kinder einen Pflichtteil gelten machen können, der den Nachfolger finanziell erheblich belasten würde.

Das Management-Buy-out

Die Lösung, sein Unternehmen an das eigene Management zu übergeben (Management-Buy-out), hat mehrere Vorzüge. Zum einen steigt die Motivation der eigenen Mitarbeiter durch die langfristige Perspektive, auf der anderen Seite ist ein Übergang ohne größere Brüche möglich. Die neuen Inhaber sind mit den Mitarbeitern, den Unternehmensstrukturen und den Kunden vertraut. Außerdem können die Branchenkenntnisse bei einem Nachfolger aus den eigenen Reihen weitaus besser beurteilt werden als bei einem externen Nachfolger.

Gerade auch in kleinen Betrieben ist die Nachfolge durch einen Mitarbeiter sinnvoll. Der Senior sollte wie bei der Familiennachfolge auch dem eigenen Mitarbeiter und zukünftigen Chef ermöglichen, rechtzeitig in die Leitungsfunktion hineinzuwachsen. Chancen zur Fortbildung sollten genutzt werden, um das Potenzial des Nachfolgers zu steigern.

Wichtig beim Management-Buy-out ist die richtige Finanzierungslösung. In der Regel sind die Eigenmittel der leitenden Mitarbeiter nicht ausreichend für eine Übernahme des Betriebes. Eine Finanzierung über Fremdkapital, Darlehen des Alteigentümers, Existenzgründerfördermittel und eventuell die Einbeziehung eines Wagniskapitalfinanciers in einer Erwerbergesellschaft sind denkbar.

Dabei muss der Erwerber allerdings Folgendes bedenken:

Bei der Fremdkapitalfinanzierung ist der Kapitaldienst zu berücksichtigen. Die laufenden Einnahmen aus dem Geschäftsbetrieb müssen ausreichen, um die Zinsen zahlen zu können, und darüber hinaus müssen auch genug Mittel für Investitionen zur Verfügung stehen. Denn oftmals besteht beim Übergang auf ein neues Management Umstrukturierungsbedarf.

Bei der Beteiligung eines Wagnisfinanciers ist zu bedenken, dass dieser in der Regel nur ein Engagement auf Zeit anstrebt. Langfristig muss also eine Exit-Strategie angedacht werden.

Der Verkauf an einen Betriebsfremden

Diese Möglichkeit wird gewählt, wenn es sowohl in der eigenen Familie als auch in der Belegschaft an einem passenden Nachfolger oder Übernahmewilligen mangelt. Bei einem Verkauf an einen Betriebsfremden kann die Kandidatensuche unter Umständen erheblich mehr Zeit in Anspruch nehmen. Als Erwerber kommt ein anderes Unternehmen in Betracht, ebenso aber auch erfahrene Manager, die sich im Rahmen eines Management-Buy-in mit der Übernahme des Betriebes selbständig machen wollen.

Einer langfristigen Vorbereitung bedarf auch der Verkauf selbst: Hier ist vor allem zu klären, auf welche Weise der Kaufpreis ermittelt wird und wie er zu entrichten ist.

Ein besonders anspruchvolles Kapitel des Unternehmensverkaufs ist die Bewertung des Unternehmensvermögens und der Unternehmenspotenziale. Sie bestimmt im Wesentlichen den Kaufpreis. Vor einem Bewertungsprozess sind deshalb vom Unternehmer Schwachstellen zu untersuchen und zu beseitigen, die den Wert des Unternehmens mindern könnten. Diese Aufgabe gehört ebenfalls zu den langfristigen Vorbereitungen des Übergabeprozesses.

Der Unternehmenswert wird unter Berücksichtigung der Vermögens-, Finanz- und Ertragslage ermittelt. Deshalb sollte sich der Unternehmer vorab (gemeinsam mit einem Steuer- oder Fachberater) mit den gängigsten Bewertungsverfahren auseinander setzen (wie das Substanzwertverfahren und das Ertragswertverfahren).

Andere Möglichkeiten der Nachfolge

Neben den genannten Möglichkeiten der Unternehmensnachfolge kommen auch folgende Lösungen in Betracht:

- Die Kleine AG: Die Überführung in eine Aktiengesellschaft bietet sich an, wenn Familienmitglieder nur eine Kapitalbeteiligung anstreben, aber nicht an der Leitung des Unternehmens interessiert sind. Bei der

Umwandlung in eine Kleine AG kann die Unternehmensleitung an ein externes Management übergehen.

- Die Stiftung: Das Unternehmen kann auch in eine Stiftung eingebracht werden. Grundsätzlich ist zwischen einer gemeinnützigen Stiftung und einer Familienstiftung zu unterscheiden. Die gemeinnützige Stiftung ist eine selbständige juristische Einheit. Der Stifter und seine Familienangehörigen können aus den Erträgen der Stiftung unterstützt werden. Stiftungszweck der Familienstiftung ist die laufende Unterstützung der Familie oder des Stifters.

V

Erste Hilfe im Krisenfall

- Hilfe für Unternehmen in Notlagen
- Hilfe für Unternehmen auf Nachfolgesuche

Erste Hilfe im Krisenfall

Hilfe für Unternehmen in Notlagen

Die Runden Tische der KfW Mittelstandsbank und der Kammern

Nicht jeder, der die ersten Signale einer Krise in seinem Unternehmen wahrnimmt, kann aus eigener Kraft die Wende einleiten. Oft ist der Druck von außen, beispielsweise durch die Hauptgläubiger des Unternehmens, zu stark, um noch ein nachhaltig wirksames Krisenmanagement einleiten zu können. Auch ist vielen Unternehmern der realistische Blick auf die Ursachen der Schieflage verstellt und das Vertrauensverhältnis zwischen dem Unternehmer und den Gläubigern zerrüttet. In solchen Fällen muss aber nicht zwangsläufig ein Abrutschen in die Insolvenz folgen. Es kann immer noch zu einer außergerichtlichen Sanierung des Unternehmens kommen. Eine wichtige Anlaufstation sind in dieser Situation die Runden Tische, die gemeinsam von der KfW Mittelstandsbank und den Kammern betreut werden.

Wichtig ist, dass sich der Unternehmer möglichst frühzeitig an seine zuständige Industrie- und Handelskammer oder als Handwerksbetrieb an die Handwerkskammer wendet. In den Fällen, in denen die Kammer die problematische Situation des Unternehmens nicht durch ihre eigenen Beratungsangebote lösen kann, wird diese einen Runden Tisch einberufen. Der Runde Tisch kann besonders dann zum Lebensretter für die Unternehmen werden, wenn die Kommunikation zwischen dem Unternehmen und seinen Gläubigern erheblich gestört ist.

Das Verfahren am Runden Tisch läuft nach festgelegten Regeln ab. Der Unternehmer wendet sich mit seinem „Hilferuf" an die regionale Kammer. Diese beruft aus dem Expertenpool der KfW Mittelstandsbank einen erfahrenen Unternehmensbetreuer, der die Situation im Unternehmen unter die Lupe nimmt. Der versierte Managementfachmann analysiert die Schwachstellen sowohl in der Unternehmensführung als auch in der Unternehmensstruktur, die in die bedrohliche Notsituation geführt haben. Nach Abschluss dieser Analyse gibt er eine Empfehlung ab, ob die Einberufung des Runden Tisches mit den beteiligten Gläubigern sinnvoll ist. Die Dauer seines Einsatzes im Unternehmen beträgt maximal zehn Tage.

Sofern sich das Unternehmen nicht als eindeutiger Insolvenzfall erweist, wird ein Runder Tisch einberufen. Ziel ist es, dass sich das Unternehmen und die betroffenen Gläubiger in den Verhandlungen auf ein gemeinsames Turn Around Konzept einigen. Im Erfolgsfall wird ein Maßnahmenkatalog zur Rettung des Unternehmens erarbeitet, der verbindliche Aufgaben für alle Beteiligten enthält. Damit ist das Verfahren am Runden Tisch abgeschlossen.

Die Umsetzung des Konzepts obliegt dem Unternehmer. Es besteht jedoch bei positiven Fortführungschancen die Möglichkeit, im Anschluss an den Runden Tisch eine Turn Around Beratung zu beantragen, die das Unternehmen bei der Umsetzung der am Runden Tisch beschlossenen Maßnahmen unterstützt. Gefördert wird die Turn Around Beratung durch den Europäischen Sozialfonds und die KfW Mittelstandsbank. Das zuschussfähige Honorar dieser Beratung beträgt maximal 750 EUR pro Tagewerk bei maximal zehn Beratungstagen. Der Unternehmer trägt in Abhängigkeit vom Firmensitz 35 Prozent (neue Bundesländer) oder 50 Prozent (alte Bundesländer) des Honorars.

Ursprünglich für kleine und mittlere Unternehmen in den neuen Ländern konzipiert, werden die Runden Tische inzwischen bundesweit erfolgreich zur Rettung von wirtschaftlich angeschlagenen Unternehmen eingesetzt. Eine Umfrage unter beteiligten Gläubigerbanken zur Beurteilung der Runden Tische ergab, dass diese Form der außergerichtlichen Sanierung auch von den Kreditinstituten als schnelle, kompetente und unbürokratische Hilfe geschätzt wird. Ebenfalls positiv wird von den Banken beurteilt, dass die am Runden Tisch ausgehandelten Turn Around Strategien eine Überlebenschance des Unternehmens auf langfristige Sicht anstreben.

Ansprechpartner für einen Einsatz des Runden Tisches und der anschließenden Turn Around Beratung sind die zuständigen Industrie- und Handelskammern oder Handwerkskammern vor Ort.

Die KfW-Unternehmeragentur

An den Runden Tischen kommen zur Analyse der Unternehmenssituation bei den krisengefährdeten Unternehmen erfahrene Berater zum Einsatz. Diese sind in der Beraterbörse unter www.nexxt.org registriert, die in Zusammenarbeit mit dem Bundesministerium für Wirtschaft und Arbeit sowie den Partnern der Initiative „nexxt" im Internet installiert wurde. Die Beraterbörse kann auch unabhängig vom Runden Tisch von jedem Unternehmen kostenfrei in Anspruch genommen werden.

Kontakt:
KfW Mittelstandsbank
KfW-Unternehmeragentur
Charlottenstraße 33–33a
10117 Berlin
Telefon 030 20264-5900
Fax 030 20264-5897

Hilfe für Unternehmen auf Nachfolgesuche

Gemeinschaftsinitiative Unternehmensnachfolge CHANGE

Umfangreiche Hilfe zur Unternehmensnachfolge bietet CHANGE, ein Marktplatz für Unternehmer und Nachfolger im Internet. Die Internetplattform www.change-online.de ist eine Gemeinschaftsinitiative der KfW Mittelstandsbank, des Deutschen Industrie- und Handelskammertages und des Zentralverbandes des Deutschen Handwerks. Hier können Unternehmer, die ihren Betrieb übergeben möchten, ebenso inserieren wie Existenzgründer auf der Suche nach einem am Markt eingeführten Unternehmen. Inserate können über alle Kammern und Sparkassen eingestellt werden. Mit der Börse soll vor allem Unternehmern geholfen werden, die im eigenen Umfeld keinen geeigneten Nachfolgekandidaten finden können.

Die Angebote sind bundesweit und branchenübergreifend nach unterschiedlichen Kriterien wie Standort oder Branchenzugehörigkeit sortiert. Außerdem findet sich unter der Internet-Adresse der Initiative www.change-online.de auch ein Nachfolgecheck, mit dessen Hilfe Übergeber und Nachfolger prüfen können, wie weit der Stand ihrer Vorbereitungen gediehen ist. Umfangreiche Fachinformationen geben wertvolle Hilfestellung. Über die Homepage haben Interessenten zudem Zugriff auf hilfreiche Beratungsangebote, die die Netzwerkpartner der Initiative zum Teil kostenlos zur Verfügung stellen.

Die KfW Mittelstandsbank fördert zudem die Finanzierung von Unternehmensübernahmen auch im Rahmen ihrer Existenzgründungsprogramme.

„nexxt“ Initiative Unternehmensnachfolge

Die „nexxt“ Initiative Unternehmensnachfolge ist eine Initiative des Bundesministeriums für Wirtschaft und Arbeit in Zusammenarbeit mit Partnern von Verbänden und Institutionen der Wirtschaft, des Kreditwesens und der Freien Berufe. Damit hat die Aktion, die auch von der KfW Mittelstandsbank unterstützt wird, eine Plattform geschaffen, die alle Kräfte zum Thema Unternehmensnachfolge bündelt. Unter www.nexxt.org präsentiert sich die Initiative mit ihren Angeboten. Dort finden Interessenten unter anderem eine Unternehmensbörse, in die die Daten von CHANGE integriert sind.

Das Beratungsangebot der KfW Mittelstandsbank

Abbildung 6: Das Beratungsangebot der KfW Mittelstandsbank

VI

Das Insolvenzverfahren

- Die Rettung des Unternehmens nach dem Insolvenzrecht

Das Insolvenzverfahren

Die Rettung des Unternehmens nach dem Insolvenzrecht

Es gibt viele Chancen, ein Unternehmen vor dem endgültigen Aus zu retten. Die Möglichkeiten zur Krisenprävention und zur außergerichtlichen Sanierung sind in den vorhergehenden Kapiteln benannt worden. Nicht immer aber reagieren die Unternehmer rechtzeitig. Sei es, weil sie auch deutliche Anzeichen einer Krise nicht erkennen oder weil sie sie nicht erkennen wollen. Wenn ein Unternehmen aber nicht mehr in der Lage ist, seine fälligen Verbindlichkeiten zu begleichen, dann ist die Krise in ihre akute Phase getreten. Die Insolvenz ist nicht mehr abzuwenden. In früheren Jahren war dies gleichbedeutend mit der Liquidation des Unternehmens. Nach den Regelungen des neuen Insolvenzrechts gibt es aber noch im gewissen Rahmen eine realistische Hoffnung, auch nach Eintreten des Insolvenzfalls den Fortbestand des Unternehmens durch eine nachhaltige Sanierung sichern zu können.

Die Reform des Insolvenzrechts sah die Möglichkeit zur wirtschaftlichen Gesundung eines insolventen Unternehmens ausdrücklich als eines ihrer Ziele an. Im Folgenden seien daher die wichtigsten Grundzüge des seit 1999 geltenden Insolvenzrechts genannt, auf die sich eine solche Sanierung im Insolvenzverfahren gründen kann.

Einen Insolvenzantrag beim Amtsgericht kann entweder der Schuldner selbst (bei juristischen Personen das Vertretungsorgan) oder einer der Gläubiger, sofern er seine Forderung glaubhaft machen kann, stellen. Für Unternehmer besteht dabei nicht nur eine Antragsberechtigung, sondern auch eine Antragspflicht. Sie müssen spätestens drei Wochen nach Eintritt eines Insolvenzgrundes einen Insolvenzantrag stellen.

Die Insolvenzgründe sind:

1. Zahlungsunfähigkeit:
Das heißt, das andauernde Unvermögen des Schuldners, die fälligen und eingeforderten Verbindlichkeiten zu begleichen.

2. Überschuldung:
Überschuldung wird festgestellt, wenn in einer stichtagsbezogenen Vermögensbilanz die Aktiva die Passiva nicht mehr decken.

Drohende Zahlungsunfähigkeit

Hiermit ist dem Schuldner selbst die Möglichkeit gegeben, sich bereits bei einer sich abzeichnenden Zahlungsunfähigkeit des Unternehmens durch einen Antrag auf Eröffnung des Insolvenzverfahrens unter den Schutz des Insolvenzrechts zu begeben. Der Unternehmer muss in dieser Situation frühzeitig selbst handeln und damit die Chancen auf eine Sanierung in der Insolvenz steigern.

Ist das Insolvenzverfahren eröffnet, wird ein vorläufiger Insolvenzverwalter bestimmt und ein Termin für die Gläubigerversammlung einberufen. Der Insolvenzverwalter hat vor allem die Aufgabe, eine weitere Verminderung des Schuldnervermögens zu verhindern. Auf der Gläubigerversammlung wird über den weiteren Ablauf des Insolvenzverfahrens entschieden. Zur Wahl stehen dabei zwei Alternativen der Vermögensverteilung, entweder nach den gesetzlichen Regelungen (Regelinsolvenz) oder gemäß einem Insolvenzplan. Für den Unternehmer hat die Eröffnung des Insolvenzverfahrens in jedem Fall eine weit reichende Konsequenz. Er muss seine Verwaltungs- und Verfügungsrechte über das Vermögen abgeben. Diese gehen auf den Insolvenzverwalter über.

Eine Entscheidung für die Regelinsolvenz hat zur Folge, dass die Vermögensverwertung und -verteilung nach den gesetzlichen Vorschriften durch Liquidation und die anschließende Befriedigung der Gläubigeransprüche aus der Insolvenzmasse erfolgt.

Die Vermögensverwertung nach einem Insolvenzplan dagegen gibt den Gläubigern einen weiter gehenden Spielraum zur Abwicklung des Insolvenzfalles. Mit der Aufstellung eines Insolvenzplans wird die wirtschaftlich sinnvollste Verwertung des Unternehmensvermögens angestrebt, diese kann unter Umständen auch durch eine Fortführung des

Unternehmens gegeben sein. Auf diese Variante des Insolvenzverfahrens sei im Folgenden näher eingegangen.

Der Insolvenzplan besteht generell aus zwei Teilen:

Im darstellenden Teil des Insolvenzplans werden die Gläubiger über die Lage des Unternehmens informiert. Ist das Ziel eine Sanierung des Unternehmens, werden hier vor allem Stärken und Schwächen des Unternehmens, die Finanz- und Ertragslage und mögliche Sanierungschancen für die Gläubiger von Interesse sein.

Im gestaltenden Teil des Insolvenzplans wird festgelegt, inwieweit sich die Rechte der am Insolvenzverfahren Beteiligten durch einen Insolvenzplan gegenüber der Regelinsolvenz verändern. In der Praxis wird durch eine Abweichung vom Regelverfahren natürlich eine Besserstellung der Beteiligten zu erreichen versucht.

Soll ein Unternehmen innerhalb des Insolvenzverfahrens saniert werden, muss zunächst einmal geprüft werden, ob es überhaupt sanierungsfähig und sanierungswürdig ist. Voraussetzung für die Sanierungsfähigkeit ist, dass der Status der Illiquidität überwunden werden kann.

Außerdem muss eine realistische Chance auf eine Verbesserung der Ertragslage bestehen. Ist die Überschuldung bereits eingetreten, so muss diese durch eine Stärkung der Eigenkapitalausstattung überwunden werden. Diese Voraussetzungen der Sanierungsfähigkeit müssen allesamt nicht nur kurzfristig, sondern nachhaltig durchsetzbar sein.

Die Beurteilung der Sanierungsfähigkeit geht über eine einfache Unternehmensbewertung hinaus. Es ist dafür beispielsweise eine Analyse des Marktes, der Produkte und Leistungen des Unternehmens erforderlich. Außerdem muss die Zukunft des Unternehmens gründlich beleuchtet werden, das heißt, es muss eine Planung der zu erwartenden Kostenentwicklung, der Liquidität und der Rentabilität sowie der Deckungsbeiträge stattfinden. Ist der Ertragswert eines zu sanierenden Unternehmens nun wiederum größer als der Liquidationswert, so ist das Unternehmen im Sinne des Insolvenzrechts auch sanierungswürdig.

Ist die Entscheidung für eine Sanierung gefallen, wird ein Sanierungskonzept erstellt. Dieses gibt beispielsweise vor, in welchem Umfang das Unternehmen erhalten bleiben soll. Gerade bei größeren Unternehmen ist oft nur noch ein sanierungswürdiger Kern erhalten geblieben. Ob diese Sanierung dann unter Mitwirkung des bisherigen Eigentümers beziehungsweise der Gesellschafter stattfinden wird, hängt vor allem davon ab, ob von ihnen ein wesentlicher Beitrag zum Sanierungserfolg zu erwarten ist. Ansonsten kann es auch im Rahmen einer übertragenden Sanierung zu einem Eigentümerwechsel kommen. Denkbar ist die Gründung einer Auffanggesellschaft, die das Vermögen und den Geschäftsbetrieb treuhänderisch übernimmt.

Die Sanierung nach dem hier in Kürze dargestellten Insolvenzverfahren ist der allerletzte Weg, den Fortbestand eines Unternehmens zu sichern. Oberste Maxime eines sorgfältig handelnden Kaufmanns sollte es aber sein, durch eigenes professionelles Risikomanagement eine akute Krise und den Eintritt der Illiquidität im Unternehmen zu verhindern.

Register

Der Autor

Matthias Salm studierte Wirtschaftswissenschaften und Betriebswirtschaftslehre an den Universitäten Bochum und Göttingen mit den Schwerpunkten Marketing, Finanzierung und Kommunikationswissenschaft. Abschluss 1991 an der Universität Göttingen als Diplom-Kaufmann.

Zusatzausbildung zum Journalisten in Presse- und Öffentlichkeitsarbeit. Seit 1994 ist Salm als freier Wirtschaftsjournalist in Berlin für Tageszeitungen, Wirtschaftsmagazine, Fachpublikationen und PR-Agenturen tätig. Schwerpunkte der Berichterstattung: Existenzgründung, Unternehmensführung, Unternehmensfinanzierung, Krisenmanagement in kleinen und mittleren Unternehmen, mittelständische Wirtschaft in den neuen Bundesländern.

Der Herausgeber

Die KfW Bankengruppe

Die KfW Bankengruppe gibt weltweit Impulse für Wirtschaft, Politik und Gesellschaft. Als Banker arbeiten wir jeden Tag effizient. Als Förderer stehen wir für den Sinn und die Nachhaltigkeit unseres Tuns. Dabei fließt der Verdienst unserer Arbeit zurück in die Förderung und die langfristige Sicherung unseres Förderpotenzials. Als einfallsreiche Bank fördern wir nicht nur Innovationen, sondern entwickeln selbst verstärkt neue Finanzierungsinstrumente für unsere Kunden und Partner. Unsere Kompetenz und Erfahrung bündeln wir in fünf starken Marken.

Die KfW Förderbank: Sie ist die richtige Adresse für alle Maßnahmen der Produktbereiche Bauen, Infrastruktur, Bildung, Soziales und Umwelt. Durch zinsgünstige Kredite fördern wir den Wunsch vieler Bürger nach privatem Wohneigentum genauso wie den Willen zu umweltbewussten Modernisierungsmaßnahmen. Als KfW Förderbank unterstützen wir ebenfalls Unternehmen, die in Umwelt- und Klimaschutz investieren, kommunale Infrastrukturmaßnahmen sowie Aus- und Weiterbildung.

Die KfW Mittelstandsbank: Der Name ist Programm. So konzentrieren wir hier alle unsere Förderaktivitäten für Gründer und mittelständische Unternehmen. Zum einen sind das die klassischen, langfristigen Kredite, zum anderen sind es innovative Programme, deren Ziel es ist, die Eigenkapitalbasis der Unternehmen zu stärken. Beides offerieren wir unseren Kunden über deren Hausbanken. Zielorientierte Beratung gehört selbstverständlich zum Geschäft.

Die KfW IPEX-Bank: Unsere Export- und Projektfinanzierung tritt unter dem Dach der KfW Bankengruppe als KfW IPEX-Bank auf. Sie agiert kunden- und wettbewerbsorientiert zu marktüblichen Bedingungen. International tätigen Unternehmen steht sie als langfristiger, verlässlicher

Partner mit passgenauen Finanzierungen zur Seite. Zu den Finanzierungslösungen, die die KfW IPEX-Bank ihren Kunden anbietet, gehören Strukturierte Finanzierungen, Projektfinanzierungen, Corporate Loans und klassische Exportfinanzierungen. Der Erfolg der KfW IPEX-Bank beruht vor allem auf den langjährigen, weltweiten Erfahrungen in den wichtigsten Märkten und Industriesektoren.

Die KfW Entwicklungsbank: Im Auftrag der Bundesregierung finanziert sie Investitionen und Beratungsleistungen in Entwicklungsländern. Dabei arbeitet sie in der Regel mit staatlichen Institutionen in den entsprechenden Ländern zusammen. Ihr Ziel ist der Auf- und Ausbau einer sozialen und wirtschaftlichen Infrastruktur, die Schaffung leistungsfähiger Finanzinstitutionen, aber auch die Sicherung von Ressourcen und einer gesunden Umwelt.

Die DEG: Als Partner der Privatwirtschaft unterstützt sie Unternehmen, die in Entwicklungs- und Reformländern investieren wollen. Gefördert werden rentable, umweltverträgliche und entwicklungswirksame Projekte in allen Wirtschaftssektoren. So schafft sie die Grundlage für nachhaltiges Wirtschaftswachstum – und eine Verbesserung der Lebensqualität für die Menschen vor Ort.

Die KfW Bankengruppe hat sich darüber hinaus zum strategischen Partner von Wirtschaft und Politik entwickelt. Als Berater des Bundes liefern wir das Know-how bei der Privatisierung von Bundesunternehmen. In dessen Auftrag führen wir auch die Bundesanstalt für vereinigungsbedingte Sonderaufgaben (BvS) und die Entschädigungseinrichtung der Wertpapierhandelsunternehmen.

Leseproben, Infos zu den Autoren ...

PR-Know-how für Profis

Hartwin Möhrle

Krisen-PR

Krisen erkennen, meistern und vorbeugen – Ein Handbuch von Profis für Profis

2004. 200 Seiten. Paperback.
*29,90 € (D)**
ISBN 3-93419183-5

Manfred Piwinger Hg.

Ausgezeichnete Geschäftsberichte

Von Profis lernen: Fallbeispiele außergewöhnlicher Präsentationen.

*2003. 264 Seiten. Mit vierfarbigen Abbildungen. Paperback. 35,00 € (D)**
ISBN 3-934191-80-0

Viola Falkenberg

Interviews meistern

Ein Ratgeber für Führungskräfte, Öffentlichkeitsarbeiter und Medien-Laien.

*1999. 260 Seiten. Paperback. 20,90 € (D)**
ISBN 3-927282-80-4

Viola Falkenberg

Pressemitteilungen schreiben

Zielführend mit der Presse kommunizieren. Zu Form und Inhalt von Pressetexten. Mit Checklisten und Übungen zur Kontrolle.

2004. 3., akt. Aufl. 232 Seiten. Paperback.
20,90 € (D), ISBN 3-927282-98-7*

** zzgl. ca. 3,– € Versandkosten bei Einzelversand im Inland*

Frankfurter Allgemeine Buch

Kommunikation

Michael Behrens

Wie Unternehmer Reden schreiben

Geistreich und treffend formulieren.

*2004. 192 Seiten. Hardcover. 29,90 € (D)**
ISBN 3-934191-74-6

Christian Duve/Horst Eidenmüller

Mediation in der Wirtschaft

Wege zum professionellen Konflikt-management.

*2003. 392 Seiten. Hardcover. 36,00 € (D)**
ISBN 3-933180-79-1

Claudia Mast, Ansgar Zerfaß Hg.

Neue Ideen erfolgreich durchsetzen

Das Handbuch der Innovationskommunikation

*2005. 256 Seiten. Hardcover mit Schutzumschlag. 39,90 € (D)**
ISBN 3-89981-052-X

Jörg Pfannenberg, Ansgar Zerfaß Hg.

Wertschöpfung durch Kommunikation

Wie Unternehmen den Erfolg Ihrer Kommunikation steuern und bilanzieren

*2005. 224 Seiten. Hardcover mit Schutzumschlag. 39,90 € (D)**
ISBN 3-89981-053-8

** zzgl. ca. 3,– € Versandkosten bei Einzelversand im*